Industrial development for Integration technology of offshore wind power and marine ranching

海上风电与海洋牧场融合技术与产业发展现状

主　编　陈华谱　王　叶

副主编　倪远翔　王伟龙　张　勇

编　委（按姓氏笔画排序）

刘　智　李广丽　杨　微

张　浩　郑　杰　郭煜文

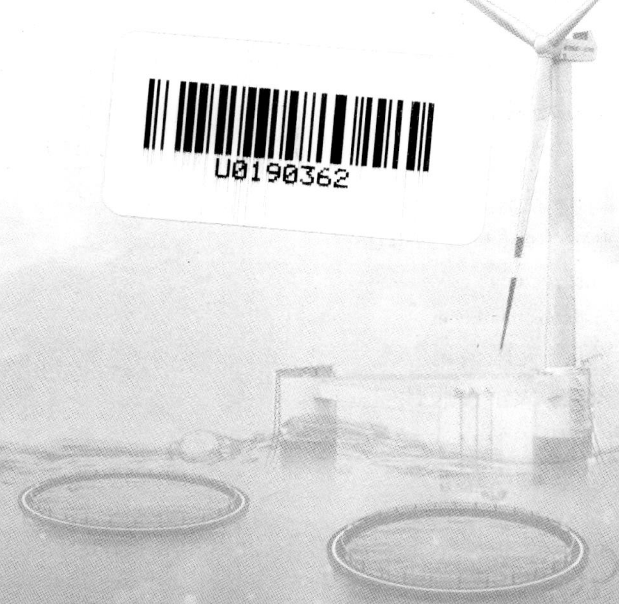

中国科学技术大学出版社

内 容 简 介

本书通过对海洋牧场、海上风电的发展历程及发展现状进行综述，阐明了海洋牧场和海上风电融合发展的可能性与必要性，提出了具有我国特色的海洋牧场和海上风电融合发展的模式与路线，并对融合发展中存在的关键科学问题、亟待解决的技术瓶颈与重点研究内容进行了探讨，以期为我国探索出一条兼顾清洁能源生产和渔业资源持续产出的现代化海洋经济发展模式。本书对于我国海水风电、海洋牧场和两者融合发展的产业研究有参考价值。

本书适合生态、电力、海产养殖相关研究者和产业人员参考使用。

图书在版编目(CIP)数据

海上风电与海洋牧场融合技术与产业发展现状/陈华谱，王叶主编 .—合肥:中国科学技术大学出版社，2021.12

ISBN 978-7-312-05347-4

Ⅰ.海… Ⅱ.①陈… ②王… Ⅲ.①海风—风力发电—研究—中国 ②海洋农牧场—研究—中国 Ⅳ.①TM62 ②S953.2

中国版本图书馆CIP数据核字(2021)第255042号

海上风电与海洋牧场融合技术与产业发展现状

HAISHANG FENGDIAN YU HAIYANG MUCHANG RONGHE JISHU YU CHANYE FAZHAN XIANZHUANG

出版 中国科学技术大学出版社
安徽省合肥市金寨路96号，230026
http://press.ustc.edu.cn
https://zgkxjsdxcbs.tmall.com

印刷 安徽瑞隆印务有限公司

发行 中国科学技术大学出版社

经销 全国新华书店

开本 710mm×1000 mm 1/16

印张 8

字数 152千

版次 2021年12月第1版

印次 2021年12月第1次印刷

定价 48.00元

前　言

我国是海洋大国,海域辽阔,资源丰富。近年来,海洋渔业资源衰退现象愈发严重,过度捕捞和粗放式养殖带来的不良后果正在凸显。如何可持续性地发展现代渔业引发了大家的关注。其中,海洋牧场的提出,成为了高效利用海洋资源的新模式,并受到了各发达国家的重视。在现代渔业不断发展的背景下,我国十分重视现代海洋牧场的建设,并取得了初步的成效。

此外,全球气候变暖趋势并未改变,极端气候频发。这解决这一困境,必须要加快清洁能源的开发。我国海上风能资源丰富,发展海上风电潜力巨大,优势明显。海上风电对改善区域环境,降低碳排放,优化我国能源结构和保障能源安全具有重要的意义,同时还能促进经济转型,实现我国经济绿色健康可持续发展。

海洋牧场与海上风电产业一样,是海洋经济的重要组成部分。二者的融合发展是现代高效农业和清洁能源产业跨界融合的典型组合,不仅在提供优质蛋白和清洁能源方面,而且在改善国民膳食结构和促进能源结构调整等方面都具有重要意义。众所周知,海上风电和海洋牧场均起源于国外发达国家,并形成了完善的产业链。目前,海上风电和海洋牧场在我国尚处于起步的发展阶段,产业发展有待于深化总结与规划。由此,十分有必要开展我国海上风电、海洋牧场和两者融合发展的产业调研研究。本书通过对海洋牧场、海上风电的发展历程及发展现状进行综述,阐明了海洋牧场和海上风电融合发展的可能性与必要性,提出了具有我国特色的海洋牧场和海上风电融合发展的模式与路线,并对融合发展中存在的关键科学问题、亟待解决的技术瓶颈与重点研究内容进行了探讨,以期为我国探索出一条兼顾清洁能源生产和渔业资源持续产出的现代化海洋经济发展模式。

本书由国内相关领域的高校和研发企业的专家共同编写完成。本书共8章，其中第1章由广东海洋大学陈华谱完成；第2章由广东海装海上风电研究中心有限公司王叶完成；第3章由广东海装海上风电研究中心有限公司倪远翔完成；第4章由广东海装海上风电研究中心有限公司王伟龙完成；第5章由中山大学张勇完成；第6章由广东海装海上风电研究中心有限公司张浩和郑杰完成；第7章由广东海洋大学李广丽和郭煜文完成；第8章由广东海装海上风电研究中心有限公司刘智和杨微完成。

由于作者的水平有限，书中疏漏之处在所难免，真诚希望读者提出宝贵的修改意见。

编　者

2021年9月

目　录

前言 ……………………………………………………………………………（ i ）

第1章　海上风电与海洋牧场融合技术概述 ……………………………（001）
1.1　海上风能资源概况 ……………………………………………………（001）
1.1.1　海上风电概述 ………………………………………………………（001）
1.1.2　海上风电发展背景 …………………………………………………（006）
1.1.3　海上风电发展情况概述 ……………………………………………（008）
1.2　海洋牧场发展概况 ……………………………………………………（013）
1.2.1　海洋牧场概述 ………………………………………………………（013）
1.2.2　海洋牧场建设背景 …………………………………………………（015）
1.2.3　海洋牧场发展概述 …………………………………………………（016）
1.3　海上风电与海洋牧场融合技术概述 …………………………………（018）
1.3.1　海上风电与海洋牧场融合技术简介 ………………………………（018）
1.3.2　海上风电与海洋牧场融合背景 ……………………………………（022）
1.3.3　海上风电与海洋牧场融合技术理念 ………………………………（023）

第2章　海上风电与海洋牧场领域发展现状分析 ………………………（027）
2.1　我国海上风电发展分析 ………………………………………………（027）
2.1.1　我国海上风电发展概况 ……………………………………………（027）
2.1.2　我国海上风电发展规模 ……………………………………………（027）
2.1.3　我国海上风电优劣势分析 …………………………………………（029）
2.2　我国海洋牧场发展分析 ………………………………………………（032）
2.2.1　我国海洋牧场发展基本概况 ………………………………………（032）
2.2.2　海洋牧场建设环节与过程 …………………………………………（032）
2.2.3　海洋牧场功能分类 …………………………………………………（033）
2.3　海上风电与海洋牧场融合技术发展分析 ……………………………（034）

2.3.1 海上风电与海洋牧场融合建设目的 ……(034)
2.3.2 海上风电与海洋牧场融合建设技术体系 ……(035)

第3章 我国海上风电与海洋牧场融合发展环境分析 ……(037)
3.1 经济环境 ……(037)
3.1.1 宏观经济概况 ……(037)
3.1.2 对外经济分析 ……(038)
3.1.3 宏观经济展望 ……(039)
3.2 产业环境 ……(041)
3.2.1 电力供需不平衡 ……(041)
3.2.2 风电平价上网需求 ……(042)
3.2.3 能源发展低碳转型 ……(043)
3.2.4 海洋渔业过度捕捞 ……(044)
3.2.5 海洋养殖产业升级 ……(045)
3.2.6 海洋生态保护 ……(046)
3.3 技术环境 ……(046)
3.3.1 关键技术重大突破 ……(046)
3.3.2 技术带动成本降低 ……(048)
3.3.3 技术未来发展趋势 ……(048)

第4章 海上风电与海洋牧场融合发展政策环境及规划 ……(049)
4.1 海上风电主要政策发展动态 ……(049)
4.1.1 海上风电政策历程 ……(049)
4.1.2 海上风电电价标准 ……(050)
4.1.3 《能源技术创新“十三五”规划》简介 ……(050)
4.1.4 《海上风电场设施检验指南》简介 ……(050)
4.1.5 海上风电补贴退坡政策 ……(051)
4.1.6 海上风力发电场国家标准 ……(053)
4.2 海洋牧场主要政策发展动态 ……(054)
4.2.1 《“十三五”生态环境保护规划》简介 ……(054)
4.2.2 《全国海洋牧场建设规划(2016～2025)》简介 ……(055)
4.2.3 《“十三五”渔业科技发展规划》简介 ……(055)
4.2.4 《“十三五”海洋领域科技创新专项规划》简介 ……(056)
4.3 我国海上风电与海洋牧场未来发展规划 ……(059)

4.3.1　海洋经济发展“十三五”规划 ……………………………………………………(059)
4.3.2　近期发展规划 ………………………………………………………………(059)
4.3.3　中期发展规划 ………………………………………………………………(059)
4.3.4　远期发展规划 ………………………………………………………………(060)

第5章　我国海上风电与海洋牧场融合产业发展综合分析 ……………………(061)
5.1　2018～2020年我国海上风电与海洋牧场融合发展综述 ……………………(061)
5.1.1　海上风电与海洋牧场融合技术发展态势 ……………………………(061)
5.1.2　海上风电与海洋牧场融合技术成本解析 ……………………………(061)
5.1.3　海上风电与海洋牧场融合技术趋势 …………………………………(062)
5.1.4　海上风电与海洋牧场融合发展体系 …………………………………(062)
5.1.5　生态环境影响分析 ……………………………………………………(063)
5.1.6　海上风电与海洋牧场融合发展规划 …………………………………(063)
5.2　2018～2020年我国海上风电与海洋牧场产业链发展分析 …………………(064)
5.2.1　海上风电与海洋牧场融合产业链 ……………………………………(064)
5.2.2　产业链发展现状 ………………………………………………………(064)
5.3　我国海上风电与海洋牧场开发探讨 ………………………………………(065)
5.3.1　海上风电与海洋牧场融合技术现状 …………………………………(065)
5.3.2　海上风电与海洋牧场融合项目选址及设计 …………………………(066)
5.3.3　海上风电与海洋牧场融合项目可靠性影响因素 ……………………(067)
5.3.4　海上风电与海洋牧场融合项目运维成本 ……………………………(068)
5.4　海上风电与海洋牧场相关技术分析 ………………………………………(069)
5.4.1　海上风电与海洋牧场融合布局分析 …………………………………(069)
5.4.2　环境友好型海上风力机组研发与应用 ………………………………(070)
5.4.3　增殖型海上风力机组研发与应用 ……………………………………(070)
5.4.4　环保型施工和智能运维技术研发与应用 ……………………………(071)
5.5　海上风电与海洋牧场融合技术投产应用 …………………………………(072)
5.5.1　海上风电与海洋牧场融合技术投产应用简述 ………………………(072)
5.5.2　工程勘察设计 …………………………………………………………(072)
5.5.3　施工设备和材料供应 …………………………………………………(073)
5.5.4　建筑安装工程 …………………………………………………………(074)
5.5.5　配套设施施工工程 ……………………………………………………(074)
5.5.6　竣工验收投产 …………………………………………………………(075)
5.6　我国海上风电与海洋牧场融合产业面临的问题 …………………………(075)

5.6.1 综合技术实力较弱 ……(075)
5.6.2 协调用海任务艰巨 ……(076)
5.6.3 资源和空间利用不合理 ……(076)
5.6.4 产业发展尚不成熟 ……(076)
5.6.5 影响海洋环境保护 ……(077)
5.7 促进我国海上风电与海洋牧场产业发展策略 ……(077)
5.7.1 系统调查海上风能资源 ……(077)
5.7.2 逐步推进海上风电发展 ……(078)
5.7.3 系统监控海洋养殖状况 ……(079)
5.7.4 加快完善产业体系建设 ……(080)
5.7.5 提高管理部门行政效率 ……(081)
5.7.6 构建市场激励政策体系 ……(082)
5.7.7 加强评估对海洋环境影响 ……(083)

第6章 广东海上风电与海洋牧场融合产业发展分析 ……(085)
6.1 产业发展优势 ……(085)
6.2 项目建设状况 ……(086)
6.3 产业发展现状 ……(087)
6.4 产业存在问题 ……(088)
6.5 产业发展思路 ……(089)
6.6 产业发展路径 ……(090)
6.7 发展政策建议 ……(091)
6.8 未来发展规划 ……(092)

第7章 海上风电与海洋牧场融合产业运维市场发展分析 ……(093)
7.1 2018～2020年我国风电与海洋牧场融合运维市场发展 ……(093)
7.1.1 市场发展现状 ……(093)
7.1.2 市场参与主体 ……(094)
7.1.3 未来发展空间 ……(095)
7.2 2018～2020年我国风电与海洋牧场融合运维状况 ……(096)
7.2.1 海上风电与海洋牧场融合运维现状 ……(096)
7.2.2 海上风电与海洋牧场融合运维态势 ……(096)
7.2.3 运维市场竞争格局 ……(097)
7.2.4 海上风电与海洋牧场融合运维难点 ……(097)
7.2.5 海上风电与海洋牧场融合运维策略 ……(098)

7.3 我国深远海域风电运维发展现状分析 ……………………(098)
7.3.1 运维需求现状 ……………………(098)
7.3.2 运维成本分析 ……………………(099)
7.3.3 “四化”体系发展 ……………………(100)
7.3.4 运维前景分析 ……………………(102)
7.4 我国海上风电运维未来发展新契机 ……………………(103)
7.4.1 智慧运维市场潜力大 ……………………(103)
7.4.2 风电运维发展前景 ……………………(105)
7.4.3 机组更替拓宽市场空间 ……………………(105)
7.4.4 多元化发展运维服务 ……………………(107)
第8章 海上风电与海洋牧场融合产业投资潜力分析 ……………………(109)
8.1 海上风电与海洋牧场融合产业投资前景 ……………………(109)
8.2 我国海上风电与海洋牧场融合产业未来发展趋势 ……………………(110)
8.3 海上风电与海洋牧场融合产业前景预测分析 ……………………(110)
参考文献 ……………………(112)

第1章　海上风电与海洋牧场融合技术概述

1.1　海上风能资源概况

1.1.1　海上风电概述

近几年来，利用海上丰富的风能资源进行发电成为新能源发展的新方向。海上风电资源丰富，发电时间长，可以进行大规模的部署，不挤占土地（图1-1）。2020年，我国海上风电的装机容量已经达到699万千瓦*。与欧美发达国家相比，我国这一产业尚处于起步阶段，还需要解决成本、政策、技术和补贴标准等问题。本书详细分析我国海上风电产业现状，从政策、技术和环境保护等方面分析阻碍行业发展的问题，对行业发展前景进行展望，为我国进一步发展海上风电建言献策。

海上风力发电场是一种利用海洋风能进行发电的新式电站。随着全球大规模开发海上风能资源，我国也已经启动海上风电场的建设。据测算，我国东部海域约有7.5亿千瓦的风能资源，拥有巨大的开发潜力，但该地区台风天气较频繁，受其影响，建设条件与国外相比更为复杂。

---

* 本书中常用功率单位有千瓦（kW）、兆瓦（MW）、吉瓦（GW），1 GW=1×10³ MW=1×10⁶ kW。

优点
缺点
1
海上风能资源能量效益比陆地高，平均空气密度较高，发电效率高，年度发电量能多出20%～40%
2
海上风湍流强度小、风切变小，受到地形、气候影响小
3
风电场建设受噪音、景观、电磁波等问题限制少，不占用土地资源
4
沿海区域的用电需求大
1
成本高，基础建设耗费人力物力
2
对于风电机组来说，防腐蚀是一个十分重要的技术因素
3
南方地区台风天气对风机的影响因素
4
电网建设配套成本也很高

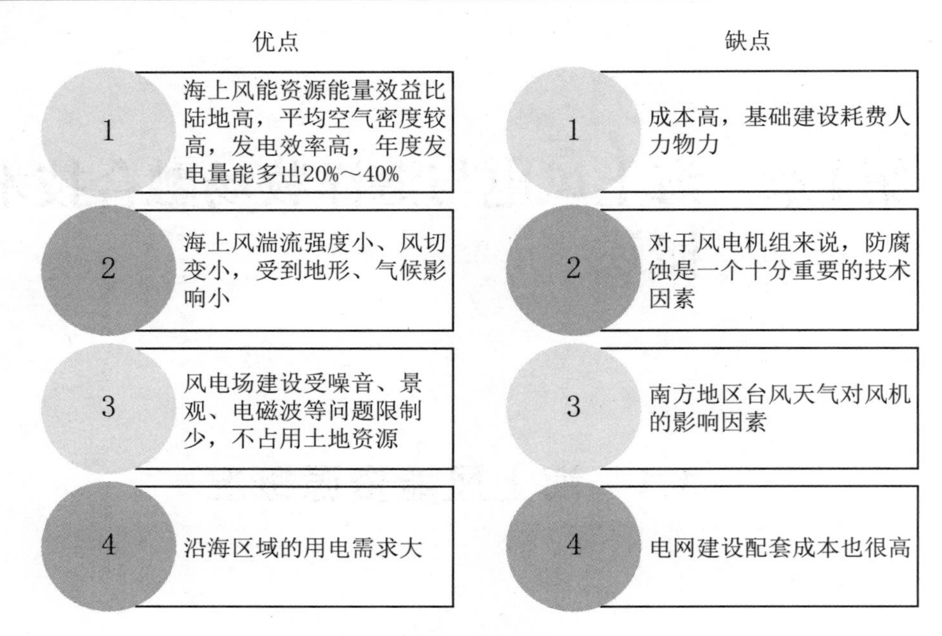

图1-1　海上风电优缺点

目前，海上风电产业的发展能够被划分为三个阶段，分别为500～700千瓦级机组示范阶段、兆瓦级机组商业应用阶段和数兆瓦级机组商业应用阶段（图1-2）。

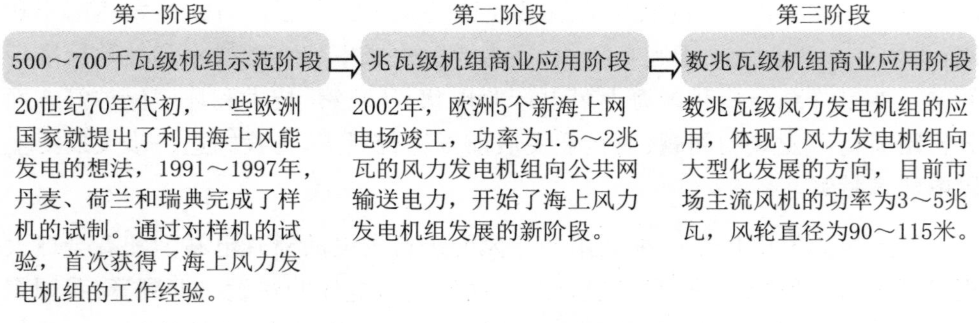

第一阶段
500～700千瓦级机组示范阶段
20世纪70年代初，一些欧洲国家就提出了利用海上风能发电的想法，1991～1997年，丹麦、荷兰和瑞典完成了样机的试制。通过对样机的试验，首次获得了海上风力发电机组的工作经验。
第二阶段
兆瓦级机组商业应用阶段
2002年，欧洲5个新海上网电场竣工，功率为1.5～2兆瓦的风力发电机组向公共网输送电力，开始了海上风力发电机组发展的新阶段。
第三阶段
数兆瓦级机组商业应用阶段
数兆瓦级风力发电机组的应用，体现了风力发电机组向大型化发展的方向，目前市场主流风机的功率为3～5兆瓦，风轮直径为90～115米。

图1-2　海上风电市场发展历程

海上风力发电优势明显，如资源丰富，不占用土地，可利用发电时间长和方便规模化等。因此世界各国都将海上风电的开发作为清洁能源发展的重要一环，越来越多的相关企业和设备制造商也在积极加大对这一方面的投入。

开发利用绿色清洁能源已成为热点，海洋风力发电前景广阔，值得深入研究。这对于优化我国的能源结构、促进经济转型、发展高端制造、改善区域环境具有重要意义，也是发展新兴产业和现代科技的重要环节。

目前,我国海上风电产业增速明显,近十年装机容量年均增长率超过30%。2020年上半年全国海上风力发电累计装机量增长17.9%(图1-3)。

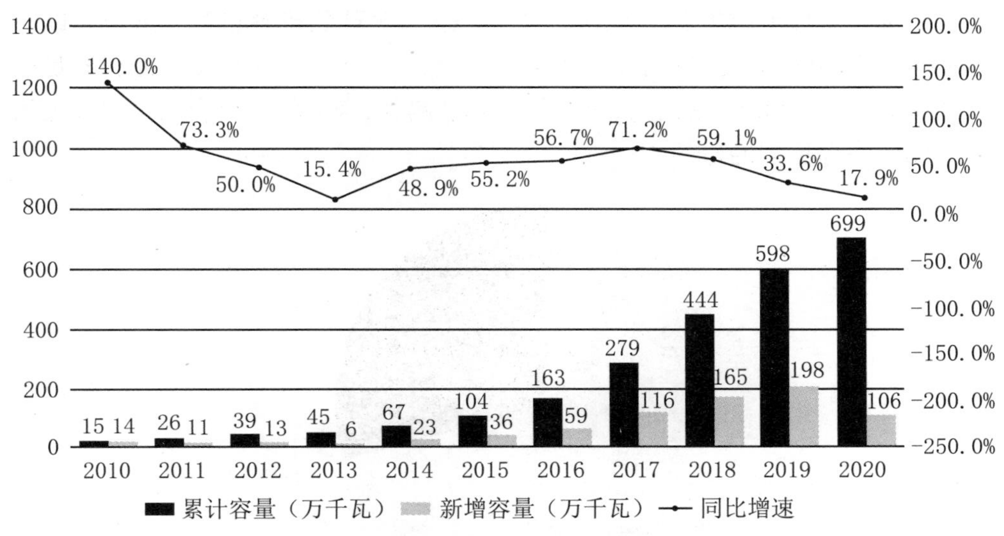

图1-3 2013～2020年中国海上风电新增及累计装机容量(单位:万千瓦)

海上风电近年来受到市场的追捧,但是其发展时间尚短、建设成本高,因此需要国家出台相应政策和补贴措施给予行业更多的帮助。与陆地风电场相比,海上风电机组更容易遭受恶劣天气的影响,技术要求也更高,需要更好地发挥政府的主观能动性,合理分配社会资源,提高海上风电产业的综合技术实力,引导产业健康发展。

为了应对全球气候变暖,我们在传统化石能源的使用方式上需要进行调整,以更加清洁、对环境污染更小的方式利用传统能源。同时要大力发展环境友好型能源,减少环境污染。随着生活水平的不断提高,社会能源需求也在不断加大。确保中国电网稳定的关键在于更有效地利用现有能源。除对化石能源的有效利用外,如何更好地开发利用清洁能源成为未来研究的重点。西门子公司为中国提供清洁能源技术已经超过100年,为优化我国的能源结构做出了很大的贡献。该公司在上海设立的风力发电叶片厂年产量达600多片,为大规模建设风电机组提供了保障。风电有很好的发展前景。从2005年开始,我国风电装机容量每年翻一番。数据显示,到2020年我国风电合计装机容量达到2.87亿千瓦,其中海上部分为1022万千瓦,约为目前欧洲风电装机容量的三倍。

2013年,江苏如东风电场获得了“亚洲电力年度最佳风电项目奖”。该发电项目每年所产生的电量相当于节约了21万吨标准煤。西门子与上海电子集团共同组建风力发电合资企业，进一步扩大业务规模，增强竞争优势。

目前，欧洲国家的海上风电项目发展最好，全球装机容量近七成位于欧洲（图1—4）。相对来说，我国海上风电的开发比较滞后。然而我国拥有充足的风能资源，有很大的发展潜力，只要找好发展路径，未来将有机会在世界海上风电市场中占据更多的份额。

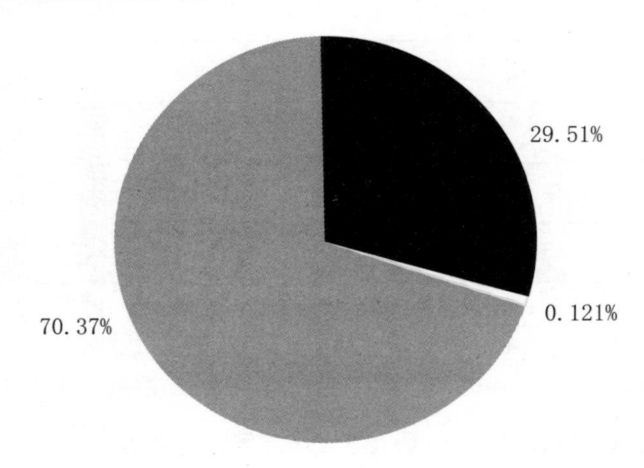

图1-4　截至2020年全球海上风电累计装机量地区分布情况

当前，海上风电产业进一步壮大仍面临诸多困难。“十二五”期间制定的发展目标未能如期实现。数据显示，到2013年底，我国海上风电装机容量累计达到428.6兆瓦，全年仅新增39兆瓦，比2012年减少了69%，与陆上风电相比几乎可以忽略不计。相较我国，美国对于海上风电的开发更为重视，已计划在其国内建设的海上风电场有40余个。但迄今为止这些项目仍在设计阶段，还未建成，即使是进度最快的海角风力发电项目也因遭到许多当地人的反对而困难重重。

目前，欧洲海上风电的装机容量位居世界第一。然而，其建设海上风电场同样面临许多问题，已有许多公司缩小了开发规模，甚至放弃发展海上风电。欧洲已建成海上风电装机容量7.3吉瓦，另有4.9吉瓦的项目在建设当中。欧洲正在加大投入，希望到2020年将本地区的海上风力装机容量提升到4000万千瓦，到2030年达到1.5亿千瓦。

虽然近年来海上风电相关报道非常多，吸引了许多人的目光，但目前风电市场仍以陆上风电为主，海上风电仅占极小的份额，约为2%。推进速度慢的原因在于海上风电的建设难度很高,建设成本高昂(图1-5)。海上风电机组庞大,高达数十米,而靠风力驱动的机组叶片长度也与喷气式客机的翼展长度相当,在海上或潮间带中建设这样的庞然大物,难度可想而知。在我国东部和南部沿海地区具有充足的海上风能资源,但经常会遭遇台风的侵扰,因此,在设计和建造海上风电机组时还需要充分考虑发电机组的抗风性能,这些都加大了建设难度,制约了其发展。

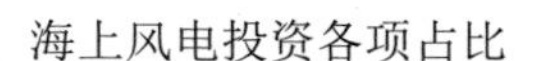

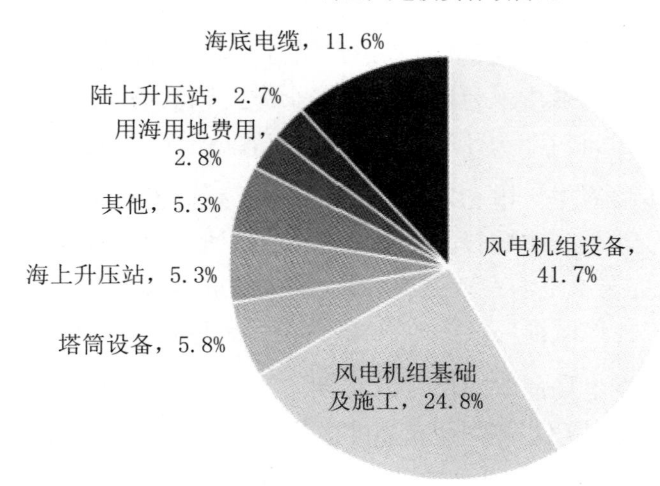

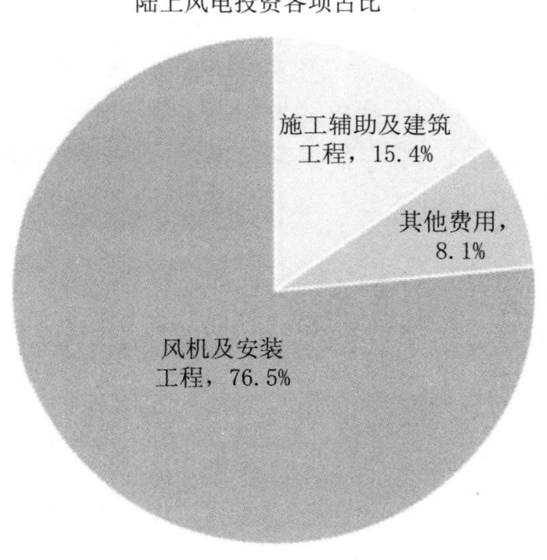

图1-5 海上风电和陆上风电投资各项占比

根据海上风电产业发展的需要，政府及时确定了其电价。在2017年前在潮间带和近海建成的风电场，并网价格分别为每千瓦·时0.75元和0.85元，此价格为含税价格。对于这一政策，社会各界褒贬不一。这样的电价制定是否合理，引发了讨论。在德国，海上风电的价格大约为每兆瓦·时124欧元；在英国，海上风电的价格大约每兆瓦·时150欧元；在日本，海上风力发电价格大约为每兆瓦·时255欧元。按照新出台政策规定的电价进行换算，我国的海上风电并网价格分别为每兆瓦·时89欧元和每兆瓦·时101欧元。相较而言，这一定价并不高，在全球都处于偏低水平。

虽然这一定价并不算高，然而考虑到风力发电的其他优势，还是吸引了许多资金投入到这一行业中。目前我国有多个海上风电场已经通过了审批或即将动工，合计容量达到156万千瓦，比以往建成容量增长3倍。

由于我国发展海上风电相对较晚，开发建设经验还不够成熟。因此，要优先在发展难度较小的省市建设。在开发过程中积累经验，培养一批人才，提高设计建造技术，完善上下游产业链，将海上风电的成本降下来，才能获得竞争优势。之后再在其他地区推广成熟的模式，这是一条稳妥的发展路径。

海洋的风力发电场通常建设在近海，水深10米左右。相较于陆上风电，近海风电场优势明显，如不占用土地、单机容量大、资源丰富、发电时间长等优点。不过，在海洋中建设的风力发电场，相较于陆地的难度更大，建设的成本也高得多。据测算，建设一个海上风电站的资金可以建设两到三个同等规模的陆上风电站。我国沿海地区单靠传统能源难以满足需要，正适合发展风力发电。东海大桥海上风电站是我国第一个海上风电项目，在2010年正式开始发电。年有效发电时长达8000小时以上，全负荷发电时长超过2600小时，发电能力相较同规模的陆上风电场增加三成。据最新报道，经过十多年的高速发展，2020年全球海上风电装机容量达到32.5吉瓦。

1.1.2 海上风电发展背景

自21世纪以来，对传统化石能源的过度开发造成了一系列环境问题。对环境保护的需求越来越大。风能因为对环境污染少，可持续开发等优点而被世界各国所重视。作为一个传统的能源消费国，风能已经成为我国解决能源短缺和改善能源结构的一种新方式。自2008年以来，中国加快发展海上风电，开始建设大量海上风电场。风能是一种清洁能源，但海上风力发电场的建设和运营会对海域环境和海洋生物产生某些不良影响。因此,有必要提出海洋风电场规划、建设、运行强度和布局的科学依据和方法,减少风电场建设对生态的影响,评估其累积效应。

过去,人类严重依赖化石燃料发电,产生了大量二氧化碳,带来一系列的极端天气连锁反应。要走出这一困境,必须要加快清洁能源的开发。作为新型能源,风能非常绿色环保,综合效益良好。这种发电模式已经推广到全世界。2017年末,世界风电装机容量约为5亿千瓦,许多国家都开始了风电站的研发和建设。2008年,财政部在对风电开发商给予直接补贴的同时,实行能源税制度,国家发改委也对风电行业提出了各种优惠政策,2019年我国清洁能源消费中风电排第三(图1-6)。由于海上风电站建设在海面上,不需要挤占原本就很紧张的土地资源,因此建设近海风电站比建设陆地风电站具有更大的经济效益。同时,在优惠政策引导下,在海上建设风电站已成为行业趋势。截至2021年10月,我国首次超越英国成为全球第一大海上风电市场,总装机容量达10.48吉瓦。其中,广东海上风电并网接入总容量累计达230万千瓦,其余海上风电在建容量超过300万千瓦。有望成为我国海上风电产业基地。广东沿海地区具有充足的风能资源,开发难度较低,建设成本适中,具有明显发展优势。发展海上风电产业,对广东省乃至全国的经济、社会、环境保护等都具有积极意义。

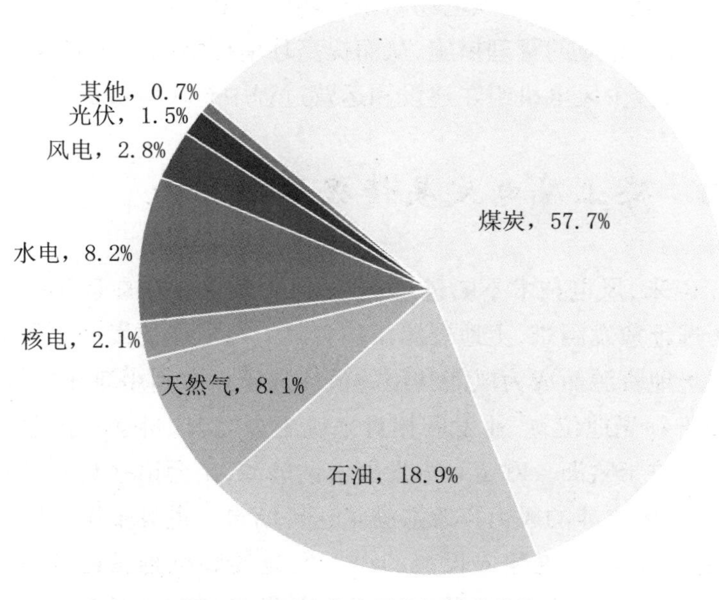

图1-6 2019年中国能源消费结构

风能是一种可再生能源，其本身污染极小，但在建设和运营海上风电场的过程中势必会对环境造成某些影响。最近几年，海上风电行业获得长足发展，技术也逐渐成熟。然而，在海上风电场的建设和大规模开发过程中，也产生了许多环境问题。2010年3月出台的《海上风电开发建设管理暂行办法》对于规范行业发展具有重要意义，有利于减少对环境的影响。其中明确提出建设海洋风力发电站项目的原则，建设单位要按照有关标准和规定对海洋风力发电项目进行环境影响评估，并经国家相关部门批准。2014年4月，国家海洋局发布了《海上风电工程环境影响评价技术规范》，要求在开发海洋风能过程中要进行充分的环境影响评价，包括施工和运行期对海洋水质、沉积物和生态系统的影响进行调查和评估。

深圳市拥有开发海上风能的极佳地理位置，在政策和成本优势的推动下，发展为近岸海上风电场建设的密集区域。深圳在2020年计划分三个阶段建设总装机容量为800兆瓦的亚洲最大的海上风力发电站。该海上风电站占海面积大，且靠近保护区，对生态环境的影响需要重视。现有的环境影响评价只是对单个项目的环境影响进行评价，没有充分考虑多个海上风力发电站的累积环境影响。正确评价各海上风电站建设对环境的累积影响，是海上风电站合理发展的基础和前提，是发展绿色经济的必然选择。目前，关于海洋风电场的生态与环境影响以及一些海洋风电场的环境积累性的研究还很少。需要通过对深圳市规划中和已建成的海上风电场的累积环境影响进行评估，形成一套完善的评估方法，并提出相应的管理措施，从而提高环境评估报告的有效性，提供产业发展数据支持，减少风电机组在建设和运营过程中对环境造成的影响。

1.1.3 海上风电发展情况概述

1990年以来，风电技术不断进步，全球风力发电占比在逐年提高。传统的陆上风电场选址愈发困难，土地资源制约着陆上风电场的发展。海上风电场因其不需占据土地资源而成为风能利用的最佳选择。在利用海洋风能发电方面，欧美国家处于领先地位，产业发展相对来说更为完善。目前，接近七成的海上风电装机容量位于欧洲。欧盟大力发展清洁能源，出台诸多具有针对性的扶持政策，再加上欧洲丰沛的风力资源造就了这一结果。世界上第一座海上风电场就建在丹麦。如今，丹麦建成投产的海上发电场装机容量已经达到了140兆瓦，位居世界前列。英国是全球海上风能开发最适宜的地区。目前，已有近

5000兆瓦的装机容量，位居世界第一。北美地区的地势和气候条件决定了其陆上风能资源的丰富度，另外，其很早便开始核电站的建设，因此该地区的陆上风电和核电在能源消费中占据主要地位。虽然海上风电起步晚，但随着世界各国逐步推进减排战略，风电作为清洁能源必将受到各国青睐。美国于2010年建造了其国内第一个海上风电站。加拿大则与欧洲公司合作谋求更大发展。

近几年，亚洲开发海洋风能进步明显。2010年，日本制定了海洋清洁能源战略，预计在10年内将海上风能发电提高到上亿千瓦。韩国也对风电产业进行了大量的政策倾斜，对适用企业给予政府补贴，希望到2020年将其国内海上风电的装机容量提高到1500兆瓦。2008年，我国东海大桥风电项目建成，拥有发电机组34台，是亚洲首个建成的海上风电项目。

2014年，国家发布了《关于海上风电上网电价政策的通知》和《全国海上风电建设方案(2014～2016)》。有了政策引导，该行业进入发展快车道。江苏、浙江、广东和福建是我国发展海上风电产业的“主力军”，均制定了相应的海上风电发展目标(图1-7)。2017年9月，江苏如东建成了亚洲规模最大的海上风电场，该项目共装备70台风电机组，总装机容量为300兆瓦。另外，盐城正在建设更大的海上风电项目，合计容量达800兆瓦。到2020年底，江苏省海上风电装机总容量达到573万千瓦，走在全国前列。

广东	2020～2025年期间海上风电装机容量增加12.7吉瓦； 2030年前建成约30.0吉瓦。
福建	2020～2025年期间海上风电装机容量增加5.0吉瓦； 2030年前建成约13.3吉瓦。
江苏	2020～2025年期间海上风电装机容量增加8.0吉瓦；
浙江	2020～2025年期间海上风电装机容量增加4.5吉瓦； 2030年前建成约6.47吉瓦。

图1-7 2025、2030规划目标

自1970年以来，风力发电技术不断进步，目前已形成相对完整的技术体系。世界各地建成了许多风力发电场。在这一过程中，欧美国家也对风电场建设对环境的影响进行了研究，研究重点是风电场建设对生态环境和当地物种的影响，另一些研究则主要关注风电场的电磁波、震动、噪声问题。随着风力发电的研究重点转移到海上风电中，研究人员也开始重视起海上风电建设过程中的环境影响。目前已有的研究表明，海上风电场不仅具有陆上风电场建设所存在的问题，还会产生水下噪声和电磁辐射，给海洋动植物带来更多不可预见的影响。

到2019年底，我国海上风电总装机容量为593万千瓦，占风电总装机容量的2.8%；其中江苏的装机容量最大，为423万千瓦，福建为46万千瓦，上海为41万千瓦，广东为32万千瓦，浙江为25万千瓦，合计占全国海上风电装机总量的95.6%（图1-8）。这些地区2019年新增海上风力发电容量为198万千瓦，占全国海上风电累计装机容量的33.4%。至2020年6月，全国海上风电累计建成容量达699万千瓦。

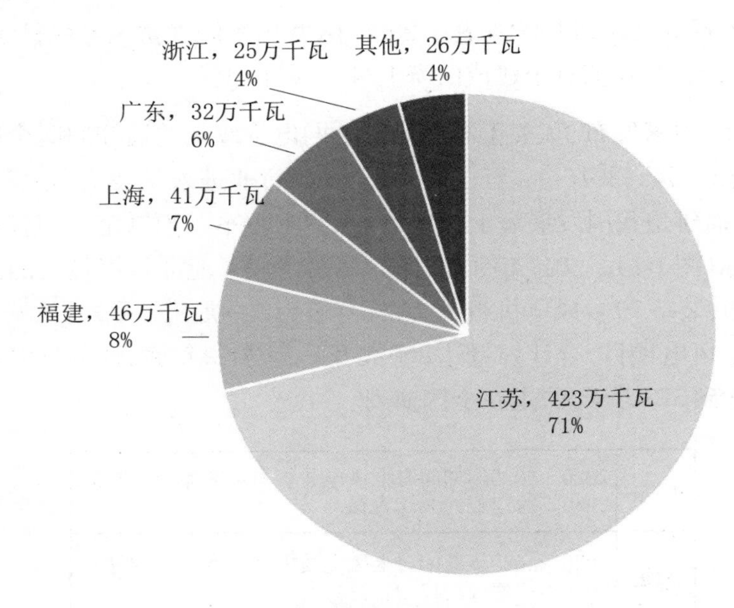

图1-8　2019年全国各省市海上风电装机总量

1. 技术进步驱动创新发展

随着投入加大，我国海上风电产业获得长足发展，设计制造水平大大提升。目前，国产海上风电机组单台容量最高可达10兆瓦，平均容量系数提高到33%，比2010年水平上升10%。安装平台各方面性能都大大增强并开始投入使用。由于上下游供应情况的多变以及政策的调整，海上风电的建造成本浮动较大。2019年我国海上风电建造成本约为1.5万元/千瓦，2020年成本有所上涨，主要是因为建造需求增大。

2. 政府补贴的影响

目前，与光伏发电和陆上风电相比，海上风电的发电成本要高许多，为了增强竞争力，需要对行业进行一定的补贴。2020年国家对补贴范围作了进一步的规范,2020年起新增项目无法得到中央财政支持,在2021年底前竣工的项目可给予补贴。

2020年,一艘全球最大吨位的风电安装船发生了吊臂断裂事故,关于责任主体的认定引发了广泛的关注。同年,“海上风电项目施工装备短缺”等话题也引发了讨论,也引起相关人士对海上风电的发展现状与前景的进一步分析。

海上风电即利用海上风力资源发出的电能。海上风力发电场就是一种使用海上风能进行发电的新型电厂。为了确保国家能源安全,降低碳排放,许多国家都将目光投向了海上风电这一绿色能源。目前欧洲多国已建立了多个海上风电站,且在全球份额中独占鳌头。同时,中国也在大力追赶,有望实现超越。

我们拥有漫长的海岸线,海上风能资源十分丰富,达到7.5亿千瓦。2004年,广东南澳投资建设我国第一个海上风电站,装机容量达2万千瓦。后来,在上海、香港分别建成亚洲规模最大的海上风力发电站和世界上最大的海上风力发电站。此后,海上风电在中国获得快速的发展。

当前,在政策的引导下,清洁能源产业蓬勃发展。2018年的数据显示,我国水电装机容量为3.52亿千瓦,增长率为2.5%;风电装机容量为1.84亿千瓦,增长率12.4%。年风力发电量为366亿千瓦·时,增长率为20%,位居第二。2019年的数据显示,我国风电装机容量达到1.8亿千瓦,占总量的10.16%。越来越多的投资涌入到海上风电行业中。

例如,中天科技近期获得了2个大型海上风电站的建设标的,合同金额分别为59.84亿元与65.10亿元;子公司中天海洋工程公司中标70.62亿元,相比上年全年中标金额63.20亿元,增长了11.74%,增长速度显著。现已承建8个风电项目,成为行业中的优势企业。该公司的发展现状也一定程度上代表了我国目前海上风电行业快速发展的现状。

2019年,国内海上风电项目招标总容量为10.7吉瓦,招标金额近150亿元。大部分获批的海上风电项目集中在江苏和广东,其中近一半位于南通如东,获批项目投资额约1000亿元。如东拥有完整的海上风电供应链,成为中国最具规模的海上风电产业聚集地。

在海上风电站的建设过程中,我国积累了丰富的技术和经验。借助技术进步和规模化效应,海上风电的建设成本下降到1.9万元/千瓦以内。预计到2025年,建设成本还能继续减少10%以上,平均成本控制在1.5万元/千瓦上下，经济效益明显提高。

欧洲的海上风电产业发展更早，因此也更为完善，英国、法国和德国在海上风电开发方面走在世界的前列。其中德国的建设规模最大。而丹麦则拥有全球最大的海上风力发电场。

此前德国曾将清洁能源开发重点放在生物发酵和光能中。然而，随着风能利用技术的不断发展，该国将目光投向了风力发电中，特别是海上风电已经成为德国发展清洁能源替代计划的重要部分。目前德国海上风电装机容量为7.5吉瓦，仅次于英国。鉴于实际装机容量增长速度快于预期，德国将未来十年的发展目标由15吉瓦增加到20吉瓦。

数据显示，2019年全球新增海上风电装机容量为5194兆瓦，增长量超越以往（图1-9）。新增海上风电站共16个，主要位于中国、德国、丹麦、英国和比利时。至2019年，全球累计装机容量为27.2吉瓦，同比增长24%。按装机容量排名，英国第一，装机容量为9.7吉瓦。后面依次为德国（7.5吉瓦）、中国（4.9吉瓦）。建造中装机容量排名为：中国（3.7吉瓦）、荷兰（1.5吉瓦）。目前世界上有23个项目在建设当中，合计装机容量7吉瓦，其中近一半项目位于中国。

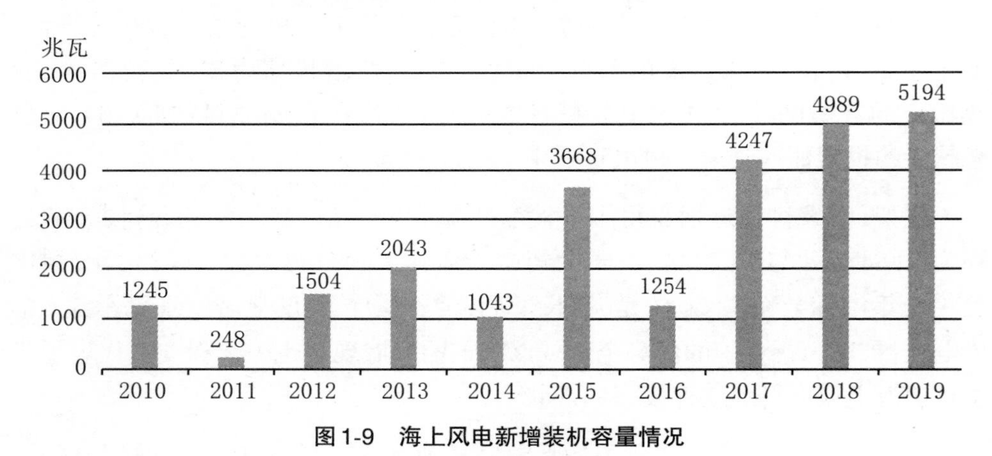

图1-9　海上风电新增装机容量情况

纵观全球清洁能源发展路径，政府引导很重要。为优化我国能源结构，国家作出明确规划，到2025年力争将我国非化石能源比例提高到20%左右，届时可再生能源将成为增长主体。

“十三五”规划提出，未来十年要着重发展清洁能源。目前，我国在清洁能源方面的投资额位列第一，清洁能源在建装机容量亦稳居第一。为了满足经济社会的发展需要，未来仍需大力发展清洁能源，在水电、风电和光电方面继续加大投资。

我国虽然在可再生能源开发利用上起步较晚,但近年来发展速度飞快。目前,我国已经形成了相对比较完善的上下游供应体系,建设和运营经验丰富。海上风电的并网成本不断降低,经济效应不断提高,越来越多的海上风电项目在建设当中。

为了获得更好的经济效益,需要积极探索海上风电行业的发展新模式。欧洲几个传统风电大国早在2000年便开始积极试验将海上风电与海水养殖结合在一起的新模式。我国在这一方面发展相对滞后。近年来,国内不少专家也开始重视起这一问题,提出将海洋牧场与海上风电有机结合起来,从而加快现代渔业和清洁能源的发展。山东省第一个提出了相关方案,计划依托海上风电平台,发展智能网箱养殖、休闲渔业、海礁保护等产业。提高经济效益的同时,也保护了环境。为绿色开发海洋提供了一个新模式。

当前,国家正建设海洋强国,海上风电产业的发展恰恰契合了这一主题。目前国内的能源消费仍以化石能源为主,提高可再生能源比重迫在眉睫。2021年10月,我国首次超越英国(10.47吉瓦)成为全球第一大海上风电市场,总装机容量达10.48吉瓦。11月初,中国市场风电安装船利用率高达98%,作业在中国风场的船舶数量达到月均69艘,同比增长183%。而在过去的一个月间,中国装机容量实现了飞速增长,截至2021年12月,中国海上风电装机容量已达14.8吉瓦,进一步扩大了其市场领先地位。

1.2 海洋牧场发展概况

1.2.1 海洋牧场概述

“海洋牧场”是指利用大型渔业设施和系统管理制度,在一定海域内,对自然海洋生态环境中人工放流的海洋经济生物进行聚集,按照需要对其进行海上放养。

从广义上讲,海洋牧场就是一种人工渔场,在一定的海域内,按照人们的需求，有计划地进行渔业养殖。通过科学管理以及完善的养殖设施，将海洋生物聚集起来形成渔场。由此可以获得良好的经济效益，并且保证该海域渔业资源的稳定和增长。

1. 海洋牧场建设经验

目前国际上已经有一套相对比较成熟的海洋牧场建设经验，主要分为以下五个方面：

（1）生境建设。通过设置人工鱼礁和海底改造等方法，对特定海域的环境进行生态修复和改造调整，使得其更适于养殖。

（2）苗种培育和驯化。利用现代生物科技提高苗种质量，建立从采卵、孵化到幼体的全套流程，实现大规模育种和放养。

（3）建设监测能力。提高对局部海域养殖环境和对鱼类资源的监测能力。

（4）管理能力建设。提高海洋牧场的管理能力，提出科学合理的相关政策。

（5）配套技术建设。完善海洋牧场配套技术，包括设施建造技术、育苗技术、生态修复技术与资源管理技术。

2. 海洋牧场的类型

海洋牧场按功能差异大致可分为五种类型：

（1）渔业养殖型。主要建立在近海，养殖种类主要是珍贵海产品，如鲍鱼、海胆等。

（2）生态修复型。目前国家大力倡导发展该种类型的海洋牧场。可细分为近海中小型和外海中大型两种。以养殖为主要目的，兼顾生态修复的作用。

（3）休闲观光型。将休闲旅游与水产养殖结合起来共同发展，极大地拓宽了海洋牧场的发展空间。

（4）种质保护型。通常由科研院所或渔业公司建设，主要以保护近岸优质种质资源和珍贵海产品为目的。

（5）综合型。将多种类型的海洋牧场进行有机结合，综合开发利用，更有效地扩大经济效益和社会效益。

近年来，随着海洋污染问题日渐严重，我国海域中捕捞渔获量逐年下滑，面对这一局面，一方面要继续加大对于海洋的保护力度，另一方面也要大力发展海水养殖产业，更好地满足国内日益增长的消费需求。当前我国海水养殖产业发展快速，但也存在着许多问题，制约了进一步的发展，其中最突出的就是养殖过程中的水质污染和鱼类病害等问题。目前许多发达国家已经开始重视起来，我国也在1977年提出海洋牧场相关概念。

发展海洋牧场不仅可以提高渔业产量和保护种质资源，使渔业产量稳定增长，还可以保护海洋生境和物种多样性，实现可持续发展。

1.2.2 海洋牧场建设背景

近年来，我国海洋渔业资源衰退现象愈发严重，过度捕捞和粗放式养殖带来的不良后果正在凸显。如赤潮的频发以及渔场的碎片化问题都给我国海洋渔业的发展带来了极大的挑战。如何科学绿色地发展可持续渔业引发了许多专家学者的关注。早在1970年，我国便开始了建设海洋牧场的试验，经过不断发展完善，已经积累了许多建设管理经验。目前关于海洋牧场的选址、建设和渔业养殖等方面的研究较多，对于海洋牧场综合效益的研究还未引起重视。科学发展海洋牧场，必须要有一套完善的评估体系，综合考量海洋牧场建设带来的经济、环境影响，从而规范产业发展。海洋牧场综合效益的评估可以从生态系统服务中获得参考。生态系统服务是指生态系统为人类社会带来的利益，包括自然生态系统和人造生态系统两种。其充分评估了生态系统的经济、文化、社会价值，被广泛运用于评估各种生态系统。另一个可以参考的评估方法是能值分析法，由美国科学家H. T. Odum创立。该方法将系统生态学、生态经济学和生态能量学相结合，是建立在自然价值基础上的定量方法。通过能值转换率，将系统中各种不可比较的能量转换为同一指标，从宏观上评价自然环境与人类经济活动的关系。目前该方法在生态系统研究中应用广泛，误差相对来说较小。

目前许多国家都重视发展海洋牧场，我国在这方面也投入了很大的力量。然而，由于缺乏完善的科学指导与评估体系，许多已建成的海洋牧场经济和环境效益不够突出，管理上也存在许多问题，因此建立一个海洋牧场效益的综合评价体系愈发必要。目前，已有专家提出基于模糊综合评价法对海洋牧场综合效益进行测算(图1-10)。海洋牧场综合效益的评估方法可以结合生态系统服务理论和能值分析理论进行制定，为海洋牧场的科学发展指明方向。

指标层		性质
生态效益	维护生态平衡效益	定性指标
	渔获物未达标准比例	定量指标
	国家级海洋牧场数量	定量指标
	环境保护效益	定性指标
经济效益	海洋牧场经济成果	定性指标
	海洋牧场经济效益	定性指标
	滨海旅游发展程度	定性指标
社会效益	产业发展效益	定性指标
	渔民恩格尔系数	定量指标
	海洋渔业发展性支出	定量指标

图1-10　基于模糊综合评价法的海洋牧场综合效益测算

1.2.3　海洋牧场发展概述

对于海洋牧场,国外很早便开始进行探索。早在1935年,美国便开始投放人工鱼礁,并在1968年发展海洋牧场。通过生态修复和放置人工鱼礁等手段,获得了良好效益。20世纪80年代,日本建立起“黑潮牧场”,这是全球第一座海洋牧场。该牧场在建设过程中主要进行了三个方面的工作:首先是对牧场中的养殖生物进行驯化,其次是搭建人工藻场以及灯光,另外还设置了人工鱼礁。在海洋牧场的研究方面,日本投入了大量的资金,取得了丰硕的成果,在人工鱼礁建设方面有很高的技术水平。第一个海洋牧场建成后,韩国紧随其后,于1988年启动海洋牧场规划。韩国第一个海洋牧场——统营海洋牧场于1988年开始动工,并于2007年建设完成。经过30多年的发展,韩国目前已经掌握了丰富的海洋牧场管理经验,特别是在工程建设、人工鱼礁投放、苗种选育和生态保护方面。欧盟的许多国家也在积极探索海洋牧场的建设。随着不断地发展,当前世界海洋牧场呈现出新的特点:一是将水域环境保护、增殖技术和科学管理有机结合。二是积极向外拓展海洋牧场的发展空间,从近岸海域走向更深更远的海域。三是通过科学方法和检测技术进行精细化管理。四是减少海洋牧场的碳排放。

20世纪70年代,曾呈奎院士提出“海洋农牧化”。1979年,我国第一个人工鱼礁在广西北部湾近海投放,采用混凝土材质,这标志着我国海洋牧场建设的开始。到1988年,我国已在多个沿海省份投放了共二十多万空方的人工鱼礁，为海洋牧场化的进一步发展奠定了基础。近年来，许多沿海城市都加大了海洋牧场建设方面的投入，我国海洋牧场进入发展“快车道”。

近年来，我国通过政策倾斜对海洋牧场建设给予支持。我国目前最大的海洋牧场——獐子岛就位于辽宁省大连市，给其他省市发展海洋牧场提供了宝贵的参考经验。广东省则依托省内良好的海洋资源，积极建设海洋牧场，获得了很好的成绩。其他沿海省份也根据自身优势陆续开始海洋牧场的建设。

经过多年的投入，目前我国广东省、辽宁省和浙江省的海洋牧场已经初具规模，获得了良好的经济、环境效应。然而纵观全球，我国相关产业还不够成熟，仍需进一步地发展和探索。

1. 日本的海洋牧场建设

早在1971年，日本便开始规划发展海洋牧场。随着海洋渔业的不断发展，渔业资源枯竭以及渔业生产过程中的污染问题愈发凸显，日本在其国内全面开展“栽培渔业”规划，并率先建立起日本黑潮牧场。对于海洋牧场的发展，日本计划将电子科技与生物技术相结合，在沿海地区建立了“海洋牧场”，通过生境改造、增殖放流和海洋生物聚集等措施，使得海洋牧场更加可管可控，产出更高的经济效益。

1991年，日本投入48.6亿元发展渔业栽培计划，放流九十余种经济海洋生物，其中有三十多种投放规模达百万以上。每年在人工鱼礁的投放方面就花费近600亿日元。费用由中央与地方政府共同承担。目前，日本已在近海建立起大片的人工鱼礁区，占日本海床总面积的两成。通过这些努力，日本近海经济鱼类捕捞量实现了大幅增长。

1963年，日本成立了专门的渔业协会，进一步规范管理栽培渔业。2003年，为了进一步提高研发系统的效率，日本将栽培渔业协会的工作交由日本水产综合研究中心负责。该研究中心陆续在全国建立起16个栽培渔业中心，并开设了相关课程，专门负责栽培渔业管理和技术方面的研究和建设，还通过不断地体制改革和机构精简，进一步理清了责任关系，将全国的资源进行整合，对栽培渔业发展中存在的问题进一步分析解决，提高了运行效率，加快了日本栽培渔业的发展。

2. 韩国的海洋牧场建设

韩国在1994年开始规划海洋牧场，1998年正式进行建设。通过对目标海域人工投放苗种，使水产资源增殖，建成牧场。采用科学的管理模式充分利用牧场资源，实现最大效益。韩国针对常见经济鱼类进行培育，积极探索海洋牧场的科学发展模式，对其他地方形成示范效应。1998年，统营海洋牧场动工，总面积约20平方千米。该工程于2007年建设完成，取得了丰富的建设经验，并将其技术推广到另外四个海洋牧场的建设中。

韩国的海洋牧场建设最初由韩国海洋研究院负责，但由于该研究院在建设过程中效率低下，预算严重超支。2007年，经研究决定，将此项目交由国立水产科学院负责。该院专门成立了相关部门，全力投入到项目实施中，取得了良好的建设成果。

建设流程为：首先设立专门机构，对海洋牧场的管理、研究和实施进行分工。其次增殖放流，增加牧场中的渔业资源总量。最后是科学管理以及指标监测与评估。其中研发方面主要以海域环境和生态改善为重点，包括生态特征和建设方式、环境优化、科学管理等方面。在苗种选育、放流技术与方法、人工鱼礁的投放、建设成果评估以及相应指标监测、管理维护措施、生态影响评估等方面也展开了广泛的研究。

韩国最早建设的统营海洋牧场，目前运转良好，取得了很好的经济效益。该海区的渔业资源比建成前增长了800%，达到近1000吨，扭转了之前渔业资源濒临枯竭的危险境地，超额完成了目标，地方渔民收益明显改善。然而统营海洋牧场的建设和运营过程中也暴露出了一些问题，在增殖放流时为了追求效益最大化，大量放养某种鱼类，导致该海域生态环境遭到破坏。目前韩国已经重视起这一问题，并加紧修复。

1.3 海上风电与海洋牧场融合技术概述

1.3.1 海上风电与海洋牧场融合技术简介

近年来我国海洋相关的产业发展迅猛，也不断涌现出许多新型的发展模式。其中将海上风电和海洋牧场协同起来发展的新模式引起了广泛的关注。这一发展模式不仅契合了农业改革的主旋律，对我国能源结构优化也有重要意义。但是，目前我国在这一方面的建设经验仍比较缺乏。下面将通过对我国海上风电和海洋牧场的发展进行综述,从而阐明二者融合发展的可能性与重要性,需要解决的重要问题等,为我国探索出一条针对性的发展路径,为海上风电和海洋牧场融合发展提供理论指导。

我国具有绵长的海岸线,拥有丰富的海洋资源。数据显示,我国海洋面积300万平方千米,拥有岛屿6000多个,海岸线长约18000千米。拥有巨大的开发潜力。发展海洋牧场和海上风电,将海洋建设成为"蓝色粮仓"和能源输出地,对我国建设海洋强国具有很大意义。

我国海洋牧场的发展路径依次是增殖放流、投放人工鱼礁和系统化建设时期。1979年,我国陆续投放人工鱼礁近三万个,总计约十万立方米。2006年,国家进一步推进牧场建设,投入22.96亿元,投放3152万立方米的人工礁体,建成了464平方千米的海洋牧场。2015年,我国已建成国家级海洋牧场示范区共86个,包括海湾型、深水型、滩涂型和岛礁型等,分布在我国各大海域。预计到"十四五"结束时,该数量将增加到178个。这意味着我国海洋牧场产业经过数十年的发展,进入到初具规模的阶段。为了探索适合我国的海洋牧场发展模式,走出一条具有中国特色的海洋牧场发展道路,许多专家投入到相关研究中,并获得了不少成果。

(1) 首先是建设理念的创新,提出在发展过程中要"生态优先、陆海统筹、三产贯通、四化同步"。

(2) 技术体系的建立,注重修复环境,提高养殖数量和质量,以及对海洋牧场各关键指标的常态化监测技术,对海洋牧场运营过程中的生态影响的综合评估体系等。

(3) 将海洋牧场与互联网结合起来,创新出"泽潭模式",整合了科研院所、合作社、当地渔民和渔业公司等各方力量,实现了共创共赢,取得了很好的环境效益和实现了渔业收入的增长。

经过数十年的投入,我国已经初步形成了一套海洋牧场的发展模式,在建设和运营中提出了很多创新。我国海洋牧场产业目前正在向专业化、集约化、现代化不断发展。

国外海上风电产业经历了以下几个阶段:

(1) 1970～2000年,百千瓦级机组示范阶段。最早在1970年出现相关概念。1991年开始,丹麦、瑞典等国陆续研制出百千瓦级机组。

(2) 2000～2010年,兆瓦级机组应用阶段。欧洲研制出功率达1.5兆瓦～2兆瓦的海上风电机组,并正式并网发电,率先商业化。

(3) 2010年至今,数兆瓦级机组应用阶段。德国大量应用大型风电机组,最高可达6兆瓦。

当前,我国海上风电也朝着集约化和商业化发展,往更远更深的海域建设成为新趋势,海上风电站的规模也不断创新高。为了更好地开发利用海上风能资源,国家发布了《风电发展"十三五"规划》,积极探索产业发展道路。

目前,国外的建设经验表明,海上风电场的建设并不会对海洋生物造成很大的影响。德国在海上风电场建设过程中,密切监视海洋生物的反应。结果显示,建设过程中打桩产生的声音可以被80千米以外的海豚、海豹和鲱鱼等听到,对20千米内的它们的行为造成影响。然而,这种影响是可控的,且会随着海上风电场建设的完成而逐渐降低和恢复。

在海上风电场运转过程中,机组的噪声会被4千米内的鲱鱼和1千米内的鲑鱼感应到,并对它们产生一定的生理影响和行为影响。国外一些研究表明,机组平台还具有一定的生物聚集效果。我国目前还缺乏这方面的研究,但从目前的运行情况来看,没有显著的不良影响。不过,发电机组运行过程中鸟类撞击事件也偶有发生。

近年来,国家进一步加快国内能源结构转型,加速发展可再生能源,建设海上风电站就是其中重要的一环。此外,为了进一步促进我国海洋渔业的转型升级,国家也在大力倡导发展海洋牧场产业,给予了许多的政策支持。

海洋牧场是目前实现海洋生态系统保护和实现渔业经济增长的新模式,是推动海洋资源可持续开发利用的关键措施。然而,要建设好海洋牧场,我国还需要解决一些关键问题。

(1) 由于海上设备的供电问题未获得很好的解决,所以许多大型的渔业养殖设备和环境测量设备无法保证持续运转,因此海洋牧场运营过程中存在着人力成本高,生产效率低,渔业发展质量不高等问题。

(2) 目前由于技术制约和经验不足,我国海洋牧场的建设主要集中在近海、浅海,对于海洋的利用率较低,海面空间的利用方式更是缺乏。

因此如何解决海上电力供应问题,构建一套科学合理的海洋立体开发模式,已经成为当前制约我国海洋牧场产业进一步发展的关键阻碍。

发展清洁能源对于我国供给侧改革和能源结构优化具有重要意义。除了大力发展水能和太阳能,风力发电也是一个必然趋势。数据显示,我国近海海域风力资源达5×10^{8}千瓦。由此可见,我国拥有丰富的风能资源有待开发,且近海海上风电场的建设难度相对较低,容易建成大规模的电场。目前还存在一些不利于开发的因素,主要包括:海上发电厂输出的电力在并网时损耗较大,且维护成本较高。建设的海上发电机组平台面积大,成本高,然而仅用于支持发电机组,未充分发挥价值。因此,可以考虑围绕发电机组平台,建设海洋牧场,充分利用资源和空间,提高经济效益。建设综合性、现代性的海洋牧场,形成“水下养鱼,水上发电”的立体模式,将蓝色粮仓和绿色能源结合起来,为我国开发利用海洋提供一条科学道路。

根据我国海上风电和海洋牧场自身产业特点,当前存在三种比较可行的融合发展方式:

(1) 空间融合。对海洋进行立体多维度的开发,充分利用海面上和海面下的空间,提高资源利用率。

(2) 结构融合。进一步创新海上风电机组结构设计,开发出具有鱼类增殖功能的风电机组平台。

(3) 功能融合。渔业的生产主要集中在春、夏、秋三季,而用电高峰期则在冬季,二者之间可以很好地实现功能互补。提高生产力的同时还能充分利用电力资源。

探索海洋牧场与海上风电融合的可行性,还要充分考虑以下几个问题:海上风电机组平台是否具有集鱼效果,人工鱼礁依托平台建设是否会对机组平台产生腐蚀作用,如何保证海洋牧场和海上风电的运营相互协同的同时互不干扰,海上风电机组运转过程中产生的噪声和震动对牧场中的生物是否有影响,如何减少这些影响等。

在海洋牧场和海上风电场融合发展的过程中,一定要综合考虑,不能为了发电效率最大化而过分压缩海洋牧场的发展空间,也不能为了渔业的高效益而忽视了海上风电场的发电效率,必须统筹兼顾,合理调节二者之间的关系。要注重多产业协同发展,依托海上风电平台,发展海上救助、观光旅行、休闲垂钓、电能存储等产业,将海洋牧场和海上风电建设成为一条完整的产业链条,形成一个充分耦合的统一体,带动国内相关产业的发展。

1.3.2 海上风电与海洋牧场融合背景

2020年,第五届全球海上风电大会在山东召开,会议主题为“融合发展,向新而生”。欧洲许多传统的海上风电强国如德国、丹麦、英国等专家出席会议。会议从全球海上风电产业的发展现状出发,深入探讨了我国该行业发展现状,与国际专家一同研究了目前的技术发展路线,对示范性项目进行了分析研究,提出关键创新点,提出要以市场和政策为导向,推动海上风电产业的进一步健康发展。

海上风电产业从20世纪70年代开始发展,经过三十多年的探索,目前已经逐渐形成一套完整的技术体系和发展方案,成为可再生能源中的重要研究方向。2019年海上风电产业发展形势喜人,取得了很好的成绩,全球总容量达29吉瓦,新增容量6.1吉瓦,年均增长24%。

我国历经十多年的不懈努力,目前已经成为海上风电最重要的市场之一。2019年,我国新装588台海上风电机组,合计装机容量为2.49吉瓦,年增长率50.9%。到2019年,我国已成为全球第三大海上风电市场,总装机容量为7.03吉瓦。2020年,我国正式超越德国,成为全球第二大海上风电市场,仅次于英国。到2021年10月,中国已成为全球最大的海上风电市场,装机容量达10.48吉瓦,并进一步高速发展。

广东、浙江、山东、江苏等沿海省份经济实力雄厚,发展海上风电的优势明显。它们的发展和带动作用,有助于推动我国能源结构转型。2019年上半年,我国海上风电增长速度很快,半年增长率为9.0%,新增装机容量为40万千瓦。按照《风电发展“十三五”规划》,到2020年,风电累计并网装机容量确保达到2.1亿千瓦以上。其中海上风电并网装机容量达到500万千瓦以上。在未来,海上风电将与其他可再生能源竞争,如光伏、水电等。目前海上风电的发电成本正在逐步下降。预计到2040年,海上风电发电成本将下降接近6成。这将进一步增加海上风电的市场竞争力,降低社会用电成本。

在这一背景下,要充分利用我国目前在海上风电市场的竞争优势和技术积累,将其与海洋牧场结合起来,加快我国海洋牧场产业的发展。同时促进传统渔业转型,降低渔业生产成本,提高养殖的自动化程度,增加社会效益和经济效益。如何通过规模化效应,形成产业集群,拓宽产业链条,增强我国海上风电和海洋牧场的竞争优势成为一大发展重点。

1.3.3 海上风电与海洋牧场融合技术理念

目前我国海上风电产业和海洋牧场的融合发展成为研究热点，下面将从指导思想、基本原则、试点目标、试点范围和试点任务等几个方面全面剖析我国产业融合技术理念。

1. 指导思想

全面贯彻党的十九大精神，树立新发展理念，按照新时代中国特色社会主义的思想，将海洋生态保护、海水科学养殖、生物资源保护、提高渔民收入和产业融合作为发展目标，提高发展质量。要提高科研投入，以科技实力作为产业支撑，探索近海海洋牧场与深海养殖相结合的现代海洋渔业模式，建设一批科技水平高、布局合理、环境友好、管理先进、融合发展的综合体，使其获得良好的经济、社会、环境效益，为中国的海洋渔业探索出具有参考意义的发展道路，推广开来，为环境保护、经济新增长点的发掘和海洋强国的建设作出重要贡献。

2. 基本原则

（1）坚持科学指导，合理布局。要充分考虑近海渔业和深远海渔业的发展侧重点，明确发展格局，有序安排。在规划前，做好资源环境调查，为科学决策提供充分数据，将主体功能区与海洋渔业经济发展规划、近岸海域生态保护等充分衔接起来，强化相关部门职能，明确责任分工，做好统筹安排，科学合理地进行海洋牧场项目的建设。

（2）坚持生态保护优先，绿色发展。在开发时，注重海洋生态的保护，提高渔业资源量，充分发挥海洋牧场的生态效益。要充分考虑环境承载力，适度、科学、合理地规划海洋牧场的规模和运营方式，推动海洋牧场向绿色发展。

（3）坚持因地制宜，创新发展。在建设海洋牧场的过程中，要充分考虑当地的海洋环境特点，充分利用当地资源，结合当地的特色产业，科学探索海洋牧场的发展方向，建设出具有当地特色的牧场形式，避免同质化。

（4）坚持创新驱动，强化科技实力。要加大研发投入，打通产学研的研发链条，提高效率。打造出一批先进的现代渔业设备。探索出一条科学合理的运营管理模式。同时要注意上下游产业链的培育，积极拓展产业空间，带动国内相关产业的转型升级，为经济转型提供助力。

（5）坚持提高市场化程度，在充分竞争中提高综合实力。划清企业、政府和个人的主体责任，完善相应法律法规，为行业的融资投资提供适当的机制，提高市场化程度，为产业可持续发展保驾护航。

3. 试点目标

通过建设一批经济效益高、环境友好型的海洋牧场示范区，探索出一条可行的现代海洋牧场发展道路，推广开来，形成示范作用和带动作用，促进我国相关产业的快速发展。目标是形成一套科学合理的海洋牧场运营管理机制、规范体系、技术发展体系和考核标准，进一步规范产业的发展。

在三年内，进一步优化我国海洋牧场的布局，从近海浅海的发展走向深海远海的发展。实现渔业资源有效恢复、生态效益凸显、养殖管理水平提高、生态环境明显好转；海洋牧场的自动化水平大幅提高。建立完善的监测评估体系，保证各项指标可管可控，提高管理水平，使海洋牧场产业向高水平不断发展。充分发挥规模效应，带动国内相关产业一起进步，显著提高渔业经济效益，走出一条科学的海洋资源开发道路。

4. 试点范围

在选择现代化海洋牧场的试验点时，要全面考察各海域的环境、资源和产业现状，挑选具有代表性的海域作为试验地，可分为近浅海和深远海两个部分。在近浅海主要通过投放人工鱼礁增殖放流，发展综合渔业，保护渔业资源，改善海域环境。在深远海中主要是智能化和专业化。通过新兴技术的应用，合理开发深远海资源，降低开发成本，扩大产业发展空间，完善深远海的渔业养殖模式，建设以现代大型渔业设施为基础的大型海洋牧场。

5. 试点任务

明确发展方向和目标，针对发展过程中的重点、难点进行技术攻关，实验验证，努力走出一条创新之路。

(1) 坚持绿色发展。近年来，海洋生态持续恶化，渔业资源越发枯竭，不仅使传统渔业的可持续发展面临重大威胁，而且也增加了物种灭绝的可能性。因此，在发展海洋牧场过程中要充分考虑环境保护的问题，绿色发展，通过投放人工鱼礁、修复草场、投放苗种等方法，改善海域环境。目标是通过三年的努力，打造出一批海域资源明显恢复，环境明显改善，综合效益显著提高的海洋牧场发展新形式。

① 进一步创新人工鱼礁的建设和投放方式。在投放人工鱼礁前，要充分调查海域资源环境和海域特点，因地制宜地选择最适合的人工鱼礁投放方案，

改善海洋生态。同时要提高人工鱼礁的制造能力，在人工鱼礁的结构和材料方面入手，提高人工鱼礁的效果，更好地适应不同海域环境的资源特点。在人工鱼礁的布局、数量、投放、制作、选址等方面制定完善的标准，提高海洋牧场建造速度和质量。

② 根据不同海域的特点选择适宜的增殖放流品种和数量。在海洋牧场中增殖放流是一项重要的措施，关乎海洋牧场的建造质量和经济效益。因此，需要合理选择增殖放流的渔业品种和规模。完善增殖放流后海洋渔业资源的监测和评估，科学量化投放效果，以便进一步改进，从传统粗放式的投放模式走向精准定向定量的现代模式。要注重珍贵海洋渔业品种的保护，建立完善的种质资源基因库。

③ 注重科学发展。充分考察目标海域的资源状况和生物情况，精准评估环境承载力，选择适宜的海岸牧场建造方式与规模大小。进一步改进管理模式，使得海洋牧场的建设与环境改善共同发展，实现产业的可持续发展。

④ 发展立体化渔业。充分利用海洋空间，根据生物营养层级不同的特点，选择适宜的鱼、虾、贝、藻、参进行立体化养殖。如海底主要投放人工鱼礁，增殖草场，养殖一些海参、海胆等；中层主要养殖鱼、虾；上层水域则主要养殖贝类和藻类。形成完整的生物链条，提高海洋的自净能力。

（2）积极推进深远海养殖模式的研究。目前我国的海洋牧场主要建立在近远海中，而且还存在不少问题，如现代化水平低，管理水平不高，装备化、智能化不足等。必须加快发展，补足短板，为走向深远海打下坚实基础。目标是经过三年的科研攻关与试验，突破深远海海洋牧场建造技术和运营技术，掌握深远海鱼种繁育和增殖技术，形成一套完善的发展体系，为我国进一步开发深远海的海洋资源探索出新模式。

① 选育出适合深远海养殖的优良品种。建设专门的繁育基地，集中力量培育出一批具有市场价值，同时适应于深远海养殖的品种，完善苗种选育驯化、苗种投放、增殖喂养等技术，为大规模发展深远海海洋牧场提供可靠的苗种来源。

② 提高深远海养殖装备的技术水平和智能化水平。设计智能化深远海网箱，使其具备抗风浪、抗腐蚀、自动化程度高等优点，集成自动清洁、鱼类和水质实时监测、饵料自动投喂等功能于一体。实现智能化管理，降低维护成本与人力投入，提高经济效益。建造兼具饵料和苗种运输，捕捞、冷藏、加工于一体的

现代化综合渔船，提升养殖、捕捞、冷藏和加工效率。

③ 建造海上综合平台。通过模块化设计，根据需要合理配备各类设施，如水文监测、气象预警、地震预警设备，海上救助平台、能源供给、生产管理等设施，提高平台的综合作用，获得更大的综合效益。

④ 保证深远海海洋牧场的能源供应。为了保证自动化平台的正常运转，必须要保证能源的稳定供应。可以根据海域特点，因地制宜地发展海上风电、太阳能、波浪能等能源供给方式，同时搭建完善的海底线缆供电，为极端海况下的能源稳定供应作保障。

第2章　海上风电与海洋牧场领域发展现状分析

2.1　我国海上风电发展分析

2.1.1　我国海上风电发展概况

我国海上风能资源丰富。经测算，风能资源密度一般在300瓦/平方米，部分岛屿风能资源密度能超过500瓦/平方米，如大陈岛、台山岛和平潭岛等，其中台山岛的海上风能资源密度更是达到了534瓦/平方米，为全国之最。另有研究表明，我国水深50米、高度70米以内的海面空间潜在风能资源约为5亿千瓦。由此可见，我国拥有丰富的风能资源有待开发。

如此优越的海上风电发展条件，得益于热带气旋的活动和北方冷空气的影响。且各省市的地形地势和地理位置各不相同，因此风能资源也会有不同的特征。一般来说，随着离岸距离的增加，风速也在随之增大，且风速增大的幅度随着距离的增加而逐渐递减，达到一定值后便趋于稳定。目前的研究结果表明，我国海上风力资源最丰富的海域位于台湾海峡，从此地开始向南北方向逐渐递减。

2.1.2　我国海上风电发展规模

我国的风电行业最早可追溯到20世纪50年代末，主要为解决偏远岛屿的供电问题，建设的风电站一般规模较小，而且独立运作并未并网。到了20世纪70年代后期，我国引进了国外的风电技术，并外购了部分风电机组进行示范项

目的建设，并开始尝试并网运行。1985年，马兰风力发电场竣工，这标志着我国风电场产业并网运行的开端(图2-1)。

早期示范阶段（1986～1993）	此阶段主要是利用国外赠款及丹麦、德国、西班牙政府贷款建设小型示范风电场；此阶段国家“七五”“八五”投入扶持资金，设立了国产风机攻关项目，支持风电场建设及风电机组研制，经过此阶段，中国建成了山东荣成风电场、福建平潭岛风电场、新疆达坂城风电一场与二场、内蒙古朱日和风场等并网风电场，使得中国在风电场选址与设计、风电设备维护等方面都积累了一些经验。
产业化探索阶段（1994～2003）	主要通过引进、消化、吸收国外技术进行风电装备产业化研究。科技部通过科技攻关和国家863项目促进风电技术的提升，原经贸委、计委通过双加工程、国债项目、乘风计划的实施，促进风电产业的持续发展；此阶段首次探索建立了强制性收购、还本付息电价和成本分摊制度，保障了投资者的利益，促使贷款建设风电场开始发展；此阶段国产风电设备实现了商业化销售，中国风电年新增装机容量开始不断扩大，新的风电场不断出现。
快速成长阶段（2004～2007）	此阶段国家出台并实施了一系列鼓励风电开发的政策及法律法规，解决了风电产业发展中的部分障碍，从而迅速提高了风电开发规模和本土设备制造能力，促使国内风电产业快速发展；经过此阶段的发展，中国200千瓦～750千瓦风电设备国产化率已超过95%，兆瓦级风电机组也研制成功且并网发电。中国2007年新增装机容量3311兆瓦，同比增长157.1%；内资企业产品市场占比55.9%，内资企业新增市场份额首次超过外资企业。
高速发展阶段（2008～2010）	此阶段中国风电相关政策及法律法规进一步完善，风电整机制造能力大幅提升，部分企业3兆瓦以上大型风电机组也实现了规模化生产；此阶段提出建设8个千万千瓦级风电基地，启动建设海上风电示范项目，是前所未有的高速发展阶段。 2010年中国风电新增装机容量超过18.9吉瓦，以占全球新增装机48%的态势领跑全球风电市场，累计装机超过美国，跃居世界第一。
调整阶段（2011～2013）	中国风电产业在超高速发展过程中，存在的问题逐步凸显出来，使行业调整洗牌在所难免。一是恶性竞争加剧，许多企业亏损；二是风电并网难和消纳难的问题日渐突出，弃风现象严重；三是风电设备质量问题频发。在此阶段，许多开发商甚至国企退出风电产业，使大家认识到风电设备制造不能再追求低价“优势”，不能盲目上项目，应该更加重视“度电成本”以及完善的售后和运维。
稳步增长阶段（2014至今）	调整洗牌后，中国风电产业基本遏制了过热，发展模式基本实现了从重规模、重速度、重装机到重效益、重质量、重电量的转变。中国风电产业已经步入稳步增长阶段，风电新增装机未来几年将会维持20%左右的增长。

图2-1　我国风电行业的发展历程

2.1.3 我国海上风电优劣势分析

随着我国社会的不断发展,对能源的需求也越来越大,如何提高能源自给率,降低对国外的依赖成为我国能源安全战略的发展重点。目前欧美国家具有技术优势,我国也在这一方面加大了投入。相比陆地,在海上建设风电站好处颇多,但开发难度也相对较高,且缺乏经验。除此之外,政策配套的不完善和管理制度的不健全也是一大问题。这些因素都阻碍了海上风电的大规模开发建设。需要综合考虑,明确各方主体责任,加大政策引导和市场调控的力度加以解决。

我国拥有丰富且长期稳定的海洋风能资源,且能源市场需求大,国家也在积极发展绿色能源。在这一背景下,我国海上风电产业前景广阔。目前的重点应放在加大研发投入和产业链的培育上,培养产业人才,把市场做大,把产业做强,从国内市场逐步走向海外市场。

1. "十三五"期间海上风电发展情况

近几年,我国风电产业高速发展,目前在我国能源消费占比中已经超过7%,仅次于火电和水电。由于海上风电具有许多独特的优势,接下来将会成为风电产业进一步发展的重点。未来国家仍然会加大投入,力求我国海上风电产业在质量、技术、人才和市场方面取得突破性进展。

按照"十三五"发展目标,我国海上风电并网容量要达到1000万千瓦。不仅要发展速度快,还要发展得又稳又好,不能急于求成。要科学合理地推动我国海上风电产业的发展。

2020年数据显示,我国已经成为全球第二大海上风电市场,仅次于英国(图2-2)。

目前我国海上风电面临的问题主要在于建设建造技术和管理经验,这需要各方共同努力,促进科研与实践更好地结合,增强整体实力。

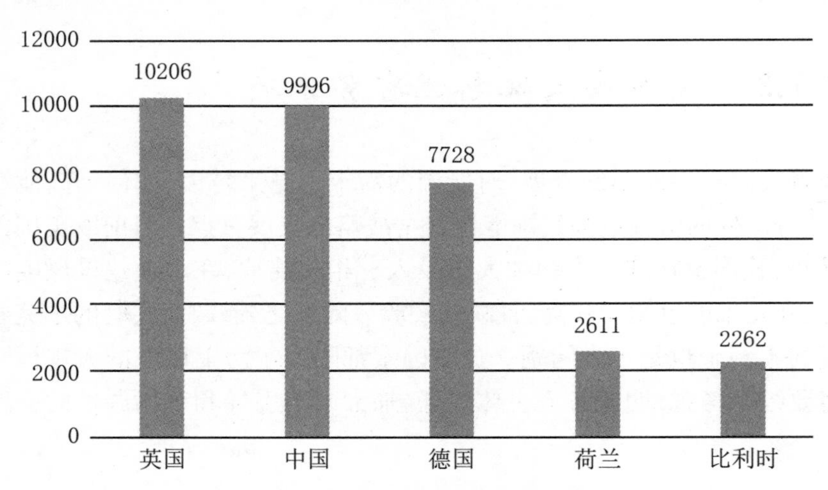

图2-3　2020年全球累计海上风电装机量前五名(单位:兆瓦)

2. 产业发展面临诸多困难

截至2015年底,我国海上风电总装机容量为1014兆瓦。历经十余年的发展,这一成绩并不令人满意。与陆上风电相比,阻碍海上风电产业发展的主要因素更多还是集中在技术方面。我国在发电机组的制造、风电场的建造和运行维护、海底电缆的铺设等方面还存在短板,必须加快速度补齐,满足产业发展的需要。

作为我国首个海上风电示范项目,上海东海大桥风电场给我们探索出许多宝贵的经验。在最开始建设时,我国不但在技术、标准、设备和经验方面都没有储备,而且还要应对国外的技术封锁,面临的困难巨大。但在多方共同努力下,我们集合了研究资源,完成了一项又一项的科研攻关,掌握了装备制造、平台搭建、运行维护等各项技术。在此过程中,华锐风电也提高了技术实力和市场竞争力。该风电场的建造充分体现了集中力量干大事,各方共同合作的重要性。

3. 海上风电的优势和劣势

优势如下:

(1) 海上风电平台建设在海面上,远离居民区,不会对居民的正常生活造成干扰。

(2) 不占用土地,可开发的海域广阔。

(3) 海上风电建造在沿海地区,而我国沿海城市的能源需求巨大,极大地缩短了电力运输的距离,降低了损耗。

(4) 研究表明,与陆地相比,海上的风力更强,速度更快,因此可以获得更好的发电效率。

(5) 海上的风力由于没有阻挡,因此风速较稳定,有利于风电机组的寿命延长,降低维护成本。

(6) 我国在开发海洋石油天然气资源的过程中,积累了大量的海上平台建造经验,可以为海上风电场的建造提供很好的技术支持,降低研发成本。

然而,凡事都有两面性,海上风电也有一些劣势影响了它的发展速度:

(1) 在海上建造风电平台,相比陆地建造难度更大,成本更高,需要研发特种建造船只,充分考察海域环境和海底地质,避开台风天气的侵扰等。

(2) 与陆地相比,海上风力发电机组在抗腐蚀、抗海浪、抗台风等方面都提出了更高的要求,在结构材料和设计方面要求更高。

(3) 海洋天气情况多变,潮汐、海浪等因素复杂,容易对风电机组造成破坏。

(4) 海上风电机组在维护时更为麻烦,难度也更高。

(5) 目前已有研究表明海上风电场在建造和运行的过程中产生的噪声和电磁波会对周围的海洋生物造成一定的影响,虽然目前的数据显示影响并不明显,但还有待进一步的评估。

综上所述,这些不利因素极大地提高了海上风电的发电成本。

海上风能的利用除了通过建造海上风电平台以外,还有一种浮式风电机,它也具有一定的优点:

(1) 受环境制约更小,可以放置在没有浅大陆架的海域。

(2) 能够比较轻松地放置在离岸较远的地方,更好地利用风力资源。

(3) 制造和投放难度小,无需建造稳固的海上平台,只需要用锚固定,有利于节约成本,快速成型。

2.2 我国海洋牧场发展分析

2.2.1 我国海洋牧场发展基本概况

1979～1980年间，我国在沿海省市共投放了超过20000个人工鱼礁。到了90年代，因为管理不善以及技术不成熟，投放的人工鱼礁并未带来显著的经济效益，因此资本投入大幅削减，导致了我国人工鱼礁的投放工作陷入僵局。2000年起，随着技术的不断提高和经验的不断丰富，我国人工鱼礁的投放又迎来了一阵浪潮，经济效益显著提高，海洋生态保护方面也取得了一定的成绩。例如，2001～2005年之间，广东省共建立了11个大型人工鱼礁海域，使渔业产值增加了6000万元。与此同时，浙江省也建设了七个渔业生态示范区，合计达4.66万立方米。随后，在它们的示范带动下，海南和天津等省市也开始了人工鱼礁的投放与建造。数据显示，截至2018年，我国在人工鱼礁的建设方面共投入超过5.5亿元人民币，建成各类海洋牧场示范区50个以上，建成海域合计共609.4亿立方米。有发展潜力的沿海省份都对当地海域的海洋生态、建造条件和风力资源等进行了充分的评估，为发展海洋牧场产业提供科学的数据来源。同时，我国在重要海洋经济鱼类的苗种选育、人工养殖和规模化加工等方面都有了长足的进步，不仅提高了渔业产品的品质和附加值，还大大增加了产量。在装备研发方面，我国研发出了“海洋渔场一号”这一具有自主知识产权的深远海渔业养殖平台，极大地提高了我国海洋牧场的自动化和智能化程度，节约了人力和维护成本。另外，我国在海洋遥感和探测、海上定位和通信等技术方面也进步明显，构建了区域性的海洋灾害预警系统，为我国海洋牧场的长期稳定运营提供了充分的保障。

2.2.2 海洋牧场建设环节与过程

我国的海洋牧场发展经历了增殖放流、投放人工鱼礁和综合性发展等阶段，技术不断提高，经验也不断丰富。在极短时间内赶上了欧美发达国家的发展步伐。目前我国在海洋牧场产业建设中，投入资金已达到30亿元以上，共投放各类苗种超1200亿粒(尾)。

1979年,我国在广西试验性地投放了26座礁体,当时投放的主要是单体小型人工鱼礁,规模并不大。到了1983年,由于人工鱼礁效益良好,开始大力推广,全国投放2.87万个,总共8.9万空方。2000年以后,资金主要由政府提供,建造施工由企业负责,取得了良好的效益。例如广东省在2005～2009年间大量投放人工鱼礁,建成礁体226.6万立方米。在投放区放流各类苗种20种以上,数量近百亿。捕捞鱼获18万吨,总产值近50亿元,为当地渔民带来1.1万元的收入增长,回报喜人。

我国在建设人工鱼礁时,环境保护和资源养护的意识贯穿全过程。辽宁大连的獐子岛属于我国建设较早的一批人工鱼礁,主要进行虾夷扇贝的养殖。通过培育优质苗种,营建藻场,提高养殖技术等措施,获得了良好的经济效益。截至目前已经开发海域达2000平方千米以上。近几年,山东省烟台市的莱州湾海洋牧场开发迅速,目前开发海域已经达到1万平方千米。

从2015年开始,国家开始积极引导海洋牧场示范区的建设,要求建设过程中要充分考虑渔业资源养护,海洋生态保护和综合开发利用。数据显示,我国海洋牧场发展以来,已投入49.8亿元进行建设,建成示范区42个,海洋牧场233个。开发海域超过852.6平方千米,投放人工鱼礁近6000万空方,海洋牧场带来的直接经济效益达到319亿元。

2.2.3 海洋牧场功能分类

为了海洋牧场健康长远的发展,必须要着眼于提高其竞争力。在建设过程中要注意突出优势,不可以只是低水平的重复建设。当前,按照功能和建设方式的差异,海洋牧场已经发展出五种类型:

1. 游钓型海洋牧场

一般指的是发展休闲渔业的海洋牧场。在建设过程中,要注意统筹兼顾,做好“鱼、礁、船、岸、服”的配套工作,即鱼苗的增殖放流、建设生态岛礁、海上垂钓船、海岸观光和配套服务设施,其中核心特色是休闲垂钓,围绕其打造休闲服务全产业链条。要注意做好后勤工作以及完善安全保障措施,保证产业健康发展。

2. 投礁型海洋牧场

一般指的是建设经济型人工鱼礁。要充分评估当地海域的自然生态环境和经济鱼类,因地制宜投放人工鱼礁,修复受损海洋环境,改良渔业生态,提高经济效益,建成兼顾环境效益和经济效益的渔场,实现人与自然的和谐共生。

3. 底播型海洋牧场

着重提高底栖经济鱼类、贝类和其他珍贵海产品的产量,通过对海域底部和滩涂的统一规划,按照增殖需求建设。要对当地海域进行充分评估,建立完善的动态监测系统,从而确定最佳的增值物种和数量,针对不同的地带和不同增殖品种的特点进行轮捕轮放,建立高效产出的底播型海洋牧场。

4. 装备型海洋牧场

一般指的是智能网箱系统和深海养殖装备。要充分发挥目前的5G通信和人工智能技术,配合完善的动态数据监测和大数据分析,建立自动化养殖平台。根据水域特点,优化设施设备,研究深水网箱结构,建造大型养殖工船,降低维护成本,提高经济效益,建设高效、节能的海洋牧场。

5. 田园型海洋牧场

一般指的是以筏式养殖为特色的多维生态牧场。要充分利用海域空间,以立体、循环、生态养殖为核心,依据不同营养级,实现鱼、虾、贝、藻、参的多营养层级的科学增殖,实现可持续渔业的发展。

2.3 海上风电与海洋牧场融合技术发展分析

2.3.1 海上风电与海洋牧场融合建设目的

近年来,我国加快能源结构优化,支持环保产业。十九大报告提出要构建以市场为导向的绿色发展体系,加快转变生产和生活方式,构建人与自然和谐共生的绿色低碳社会,保障我国的能源安全。

建设海上风电场,能很好地补充我国能源消费的需要,扩大清洁能源供给,减少环境污染。而现代海洋牧场的建设可以很好地适应我国的产业发展趋势。

国家多次发布文件,强调要强化现代海洋牧场建设。加快构建综合性海洋牧场,着重改善海洋生态,保护渔业资源,提高海洋渔业生产效率等。

海洋牧场是一种高效利用海洋资源的开发形式,我国海洋牧场产业要往集约化、智能化、装备化等方面进一步发展,加快海洋经济由过去的低质低效向高质高效转型。同时,要将海上风电场结合起来发展,拓宽产业链条,提高综合效益。要重视保护生态环境,保证产业的可持续发展。

2.3.2 海上风电与海洋牧场融合建设技术体系

1. 海洋牧场发展过程中存在的问题

海洋牧场是一种高效利用海洋资源和保护海洋环境的一种新型海洋开发模式,在推动渔业高质量发展,海上风电与海洋牧场融合,促进生态保护以及资源的可持续开发方面具有重要意义。目前我国海洋牧场在发展过程中,还存在着一些问题需要尽快克服:

(1) 海洋牧场能源供应困难的问题。这一问题给大型渔业设备的投入使用以及对养殖环境的实时监控带来了巨大的困难。必须要加快深远海供电系统的研发,完善维护流程,推动我国海洋牧场向装备化、规模化和智能化进一步发展,切实提高渔业生产效率。

(2) 海洋牧场空间利用率较低。目前海洋牧场在建设过程中,主要进行水下和水面部分的建造与开发,忽视了水上空间的利用。要加快构建出一套海洋立体开发模式,提高利用效率,增加产出效益。

2. 海上风电发展情况和措施

经过这些年的发展,海上风电已经成为清洁能源发展计划中的重要一环。2019年。世界海上风电产业取得了丰硕成果,装机容量达到29吉瓦,年增加装机容量6.1吉瓦,增长率为24%。这表明全球风电产业已进入到快速发展阶段。

根据最新资料显示,至2021年10月,我国已成为全球第一大海上风电市场。2021年初至12月间,中国已有14个海上风电场合计3.1吉瓦完成投产,此外还有25个海上风电场合计8.3吉瓦已实现首次并网,成为全球海上风电装机容量增长的主要力量。广东、福建、江苏、浙江等省份已成为重要的产业基地,我国近年来持续加大投入,预计到2030年,将有60吉瓦容量并网运行,更好地满足沿海发达城市日益增长的能源需求。

在这些沿海省份中，广东省的发展潜力巨大。其拥有全国近1/4的海岸线，探明的可开发风能资源极为丰富。因此，广东省能源局提出了雄心勃勃的海上风电开发计划，积极创新海上风电与海洋牧场融合发展的新形式。计划通过建立示范基地积累技术与经验，再将其推广到其他海域，稳步高效地发展海上风电产业。目前已有五个海上风电示范项目在积极筹备中。广东省积极响应国家能源调整战略，坚持把低碳绿色的发展理念融入到海上风电产业的发展中，更好地满足发展的需要。

随着我国海上风电产业的不断发展，目前国家已经调整了可再生能源的补贴政策，将过去的政策导向改为以市场导向为主，更多地利用市场这一无形的手进行资源的分配与调节，因此也增加了海上风电产业发展中的不确定性。如何更好地推动产业发展，需要做好以下几个方面：

(1) 加快培育完善的海上风电产业链，培养行业人才。掌握关键零部件的核心技术，将整个产业的装备和技术水平提高到一个新的层次。

(2) 在发展的过程中，要重视海洋环境的保护，提高综合利用效率。加快对于深远海海上风电场的研发，拓宽产业发展空间。

(3) 加快研究海上风电与海洋牧场融合发展方式，以此为依托带动储能、海水淡化、装备制造等产业的发展，扩大产业集群，将其打造成经济增长的又一重要支柱。

另外，目前阻碍我国海洋牧场产业进一步扩大规模的因素主要存在于技术层面，因此必须要加大研发投入，进一步促进产、学、研的融合，集中力量攻破这些瓶颈，更好地满足产业发展的需要。集中力量打通行业壁垒，构建一套成熟的海上风电与海洋牧场融合建设技术体系。

第3章　我国海上风电与海洋牧场融合发展环境分析

3.1　经济环境

3.1.1　宏观经济概况

经过十余年的努力发展，截至2021年12月份，我国海上风电累计装机容量已达14.8吉瓦，位列全球第一。海上风电场在多个沿海省份都有分布。海上风电站优势显著，与陆上风电不同，海上风电由于紧邻我国电力负荷中心，消纳前景非常广阔。同时，在当前国家节能减排战略的大背景下，未来沿海省份对清洁能源的需求非常大。海上风电的另一个显著优势就是不占用陆上资源，且风电利用小时数比陆上风电站高出二至七成。

我国拥有发展海上风电产业的丰厚资源，海岸线长达1.8万千米，可利用海域面积300多万平方千米，海上风能资源丰富。根据规划，江苏、广西、广东、浙江、福建五省在“十四五”期间的海上风电装机增量达34.7吉瓦，为我国“十三五”期间海上网电增量的4.21倍。

21世纪以来，沿海各省市充分利用海洋资源，积极开展人工鱼礁、藻场建设，大力发展海洋牧场。近几年，国家在全国沿海地区大力开展海洋牧场示范区建设。辽宁是我国最早建设海洋牧场的沿海省份，大连的獐子岛已经成为我国现阶段最大的海洋牧场，对其他地区海洋牧场建设起到示范带动作用。总的来说，经过几十年的发展，海洋牧场在山东、浙江、辽宁、广东等沿海省份已实现了规模化生产。但是，我国海洋牧场建设总体上仍处在人工鱼礁建设和增殖放流的初级阶段，亟需科学规划与技术支持。

到2019年，国内海洋牧场涉及海域面积约1500平方千米，随着国内约178个海洋牧场示范区的建设，预计到2025年，海洋牧场涉及海域面积将突破2500平方千米。

2020年，受新冠肺炎疫情的影响，国内餐饮行业受到了前所未有的冲击，2020年1～3月，国内餐饮业营收同比下降约40％，严重影响了国内水产品消费市场。2020年，海洋牧场行业的市场规模增速下滑，为994亿元，同比增长约9.4％。随着新冠肺炎疫情负面冲击逐渐减退，我国宏观经济持续恢复，预计2021年我国海洋牧场行业市场规模为1119亿元。

3.1.2 对外经济分析

当前，我国海上风能项目主要集中在东南沿海省份，其中广东、福建、山东、江苏和浙江领先。为了使海洋风电产业更快地发展，这些省份制定了明确的发展目标，并制定了完善的发展战略，到2030年实现海上风电装机容量达到60吉瓦，以满足地方日益增长的能源需求，促进能源转型，优化能源结构。

广东海岸线绵长，具有开发利用海洋资源的良好潜力。同时，作为一个经济强省，广东省对能源有很大的需求，所以省政府对可再生能源发展非常重视，其中，海上风电是重点。因此，提出了一条稳定发展的道路，努力试验海上风电和海洋牧场的结合方式。今后，广东省将继续优化发展海上风电产业，关注低碳环保问题，在产业发展过程中发挥海上风电优势，推动经济转型。

伴随着海上风电行业的不断发展，国家也适时调整了相应的补贴政策，逐步由政策导向转向市场导向。海上风电产业也要根据市场环境及时调整发展战略。当前，我国已经形成了较为完整的产业链，但上下游资源的整合还不够紧密，许多关键零部件不能完全自主生产，存在被国外“卡脖子”的风险。这就要求我们继续加大科技投入，提高创新能力，提升国内产业链综合实力。另外，要有胆量和能力走进深海和远海，不局限于近浅水域，积极拓展产业发展空间。以海上风电为综合平台建设，推动渔业、储能、海水淡化等产业的发展，打造产业集群，通过“1＋1＞2”的效应，不断提升经济、环境和社会效益。

3.1.3 宏观经济展望

海洋牧场与海上风电产业的发展离不开宏观经济的支撑,下面将从我国宏观经济数据出发,分析我国相关产业的发展路径。

2020年,新型冠状病毒以始料未及的速度在全球蔓延,全球经济严重受挫。到2021年,由于科学严格的疫情控制措施,加之新冠疫苗接种的展开,经济开始好转。虽然全球疫情现状还要持续一段时间,但相关预测机构对今年的经济表现较为乐观。国际货币基金组织(IMF)预测,2021年全球GDP增长率将达到6%,其中发达经济体增长率为5.1%,新兴市场和发展中经济体的增长率为6.7%(图3-1),我国的预计增长率更是达到了8.4%。虽然预测数据让人欣喜,但是新冠疫情在全球范围的传播还远未结束,为了积极应对外部环境的快速变化,国家各部门继续严格执行疫情防控措施,加快全国的新冠疫苗接种工作,全力保障人民的正常生产生活和经济的平稳运行。

图3-1 世界经济增速预测

数据显示,2021年第一季度我国GDP为24.93万亿元,按可比价格计算,同比增长18.3%。按照与2019年第一季度相比较的两年平均增长率计算,我国的GDP在2021年第一季度的规模已经恢复到疫情爆发前的98%左右。具体来说,第二产业增加值在2020年第一季度迅速萎缩后,在2021年第一季度实现了24.4%的高增长率,按照同样的标准,现在恢复到疫情爆发前的102%。在2020年第一季度,第三产业增加值萎缩5.2%后,在2021年第一季度实现15.6%的增长率,恢复到新冠之前的96%左右的水平。

2021年第一季度,我国总体物价水平变动具有结构性特点,消费领域的物价水平先在猪肉价格的快速下跌情况下触底,并开始反弹。而在生产领域,受世界大宗商品价格快速增加的影响,生产成本也在增加,我国供应链价格体系迎来调整。

我国消费价格指数(CPI)在2020年第四季度末和2021年第一季度初迅速从通缩区间触底反弹,并在今年3月份恢复到正增长区间,非食品消费价格的平稳上涨起到很好的支撑作用。目前国内生产资料的成本上升已经开始影响最终消费价格。

在生产方面,生产者物价指数(PPI)从2019年开始不断下跌,直到2021年第一季度才结束下跌趋势开始反弹,到3月份国内PPI已经涨到4.4%。生产资料生产者物价指数相比去年同期也上涨了10%以上,生活资料生产者物价指数则停止了下跌,略微上涨0.1%。在生产者物价指数中,生产资料和生活资料间的剪刀差从2020年5月的−5.6%上涨到2021年3月的5.7%,生产者物价指数与居民消费价格指数的剪刀差则从2020年4月的−6.4%上涨至今年的4%,整体价格具有结构性特征。数据预测结果显示,我国2021年4个季度的国民生产总值(GDP)同比增速分别是:18.77%、6.75%、6.99%和6.23%。全年GDP增长率为8.85%。排除2020年的异常情况,2021年各季度的实际GDP同比增速可能分别为:5.63%、5.46%、6.00%和6.43%,全年同比增长5.90%。国内CPI则不断上涨,到2021年末预计高于3%,PPI增长率则保持在3%以上;货币指标增长速度与GDP增长基本同步,广义货币M2增长保持在9%左右,维持稳健的货币政策。国家财政收入2021年上半年增速加快,下半年预计平稳增长,但财政支出会有很大的增长。2021年我国进出口贸易额也有大幅提高。

在全球新冠疫情肆虐的背景下,我国全力保障经济平稳运行,取得了良好的成果,这些离不开我国稳定的能源供应。因此,我们必须要进一步发展绿色清洁能源,保障能源安全。

3.2 产业环境

3.2.1 电力供需不平衡

近年来,随着我国经济社会的不断发展,对于能源的需求也日益增长。从2011年开始,我国多地出现了“用电荒”的情况,多省市在冬夏两季出现了用电紧张情况,不得不采取限电措施。目前我国用电量仍持续快速增长,这说明我国能源供应仍需进一步提高。根据相关研究结果显示,缺电会影响经济表现,每缺1度电就会导致GDP损失7元。我国东南沿海能源需求量大,约缺电300亿度,预计造成的GDP损失达2000亿元。因此,着力保障我国能源供应,保证全国各地的供电平衡,不仅关系到国家社会的经济效益和正常运转,也会影响国家未来的发展。因此,必须加大清洁能源的开发力度,为我国的能源供应作很好的补充。

目前,我国用电量持续快速增长,特别是西部地区。这说明我国西部经济社会的快速发展,另外高能耗产业也是重要原因。当前,我国各地区仍存在供电不平衡的问题。主要有以下几个方面:

(1) 我国的电力产业近几年来发展迅速,目前我国已经建成电源规模世界第二和电网规模世界第一,从总量上来看已经非常庞大。但是随着经济社会的快速发展,能源需求也越来越大,仍需要进一步加快解决供应问题。

(2) 由于我国的地理条件以及资源分布情况,导致我国各地区在能源需求与能源供应方面存在着不平衡的问题。总体上看来,我国东部省份经济发展更为强劲,用电需求量更大,然而这些地区往往缺乏能源资源,而西部等地区用电需求较少,但是却储备有丰富的能源资源,因此导致了电力供应的结构性矛盾。必须要加快实施“西电东送”战略,平衡我国的电力供应体系。

(3) 我国的电力供应还存在着季节性的供应差异。每年的夏季是我国的用电高峰期,其次是冬季。剩下的春、秋两季则用电量较为平稳。近些年来我国夏季气温越来越高,导致居民用电量大幅增长。其次冬季的供暖也会造成用电量的增加。因此需要使我国能源供应体系更好地适应于不同季节的能源需求。

(4) 目前我国的能源结构还存在极大的优化空间。综合来看,目前我国的能源供应主要以火电为主,其他能源的占比过低,过于依赖煤炭。这导致我国能源供应在绿色环保方面难以取得很好的突破。应大力发展绿色能源,优化能源结构,使其更好地满足国家发展的需要,进一步提高我国能源产业的可持续发展力。

3.2.2 风电平价上网需求

为了鼓励我国风电产业的发展,国家制定了行业补贴政策。补贴政策中严格规定了风电项目的并网时间。为了能够按期并网,享受国家补贴,因此近年来风电开发商加快了风电项目的建设。数据显示2017～2019年我国风电项目公开招标量分别为27.2吉瓦、33.50吉瓦、68.38吉瓦(图3-2)。其中2019年陆上风电和海上风电的公开招标量分别为52.17吉瓦和16.21吉瓦,是上年同期的约2倍和3倍。可以看出,我国风电市场迎来了快速发展的阶段,表明国家的产业补贴扶持政策卓有成效。

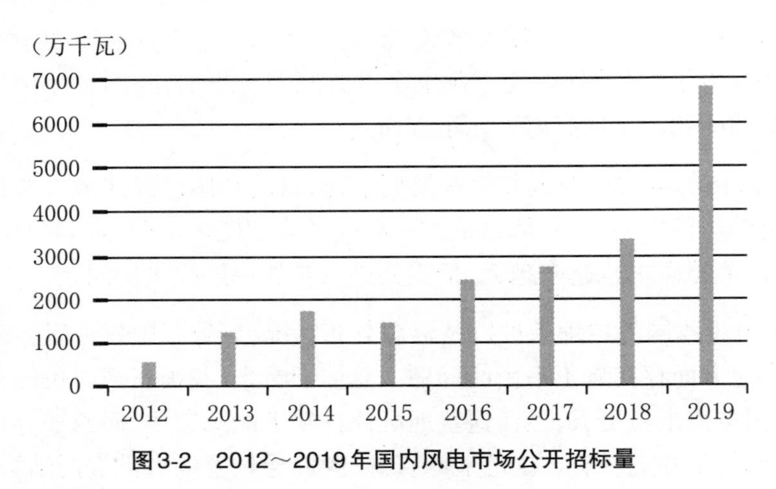

图3-2　2012～2019年国内风电市场公开招标量

伴随着我国风电项目的快速建设,相关的设施设备市场供应也十分火热,风电机组价格快速上升。金风科技是生产机组设备的重要企业,根据其公布的数据显示,从2018年7月份开始,该公司的风力机组的价格便开始上涨,上涨幅度最高达到了17.06%。3兆瓦机型均价为3900元/千瓦,某些机型价格甚至达到了4150元/千瓦的高价。

3.2.3 能源发展低碳转型

12月21日,国务院发布了《新时代的中国能源发展》白皮书,解读了我国的能源发展策略,提出了许多发展规划建议。

(1) 我国能源结构的新变化。近年来我国不断优化能源结构,取得了不少的成果。国内节能减排力度不断加大,清洁能源供给显著增加。2019年,我国能源消费结构中煤炭占57.7%,比2012年下降了10.8%。清洁能源占比大幅上升,占总量的23.4%(图3-3)。这些成果为我国降低碳排放量起到了很大的作用,也让世界看到了我国应对全球气候变化的大国担当,对于进一步保障我国能源安全具有重要意义。

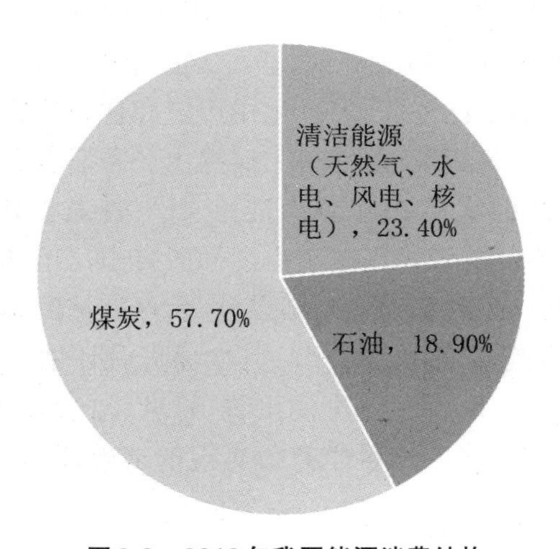

图3-3 2019年我国能源消费结构

(2) 我国已成为全球最大的能源生产国和消费国。随着经济增长,我国对于能源的需求只会越来越大,因此能源产业方面必须要不断加大投入,使其能够充分地满足经济社会发展的需要。现在对于低碳环保方面也更为重视,因此我国能源产业在发展过程中不仅要追求规模上的进步,还要在低碳环保方面做出更多的努力,平衡能源供应与清洁低碳方面的关系。考虑到我国煤炭储量极为丰富,因此在未来很长一段时间中,火电仍会在我国供应体系中占据主流地位,因此要加快技术进步和科技创新,进一步降低火力发电厂的污染排放,以更为环保的方式使用煤炭。其次要积极提高清洁能源供给,加快我国能源结构的优化。结合目前我国大数据与数字化产业的高速发展,提高我国能源产业的智能化水平,增强我国能源供应平衡及协调能力,提高系统效能。

3.2.4 海洋渔业过度捕捞

从20世纪80年代以来，我国渔业高速发展，捕捞量和养殖产量逐年攀升（图3-4）。然而，伴随而来的是渔业资源的持续衰退。当前我国海洋生态系统十分脆弱，面临着渔业难以为继的威胁。为了规范行业发展，国家采取了许多措施，包括限制捕捞规模和规定禁渔期等一系列措施。但由于管理规定不够完善，执法人员不足，执法难等问题，所以成效一般。因此我国在2000年修订了《渔业法》，明确规定国家制定可捕捞量必须要低于渔业资源的增长量，确定渔业资源的总可捕量，实行捕捞限额制度。但由于之前一直都十分依赖技术性措施和投入控制制度，因此导致在捕捞限额制度制定后迟迟不能够实施。国外许多渔业十分发达的国家在进行渔业资源捕捞限额制度时，一般都会采取以产出控制为主的配额管理方法。事实证明，这种方法卓有成效，可以切实防止捕捞过量。我国应该充分借鉴国外的经验，运用历史和比较研究法、系统分析法等，并结合渔业资源经济学等相关理论知识，探寻出一条适合我国国情的渔业配额制度。制度的构建可以从以下几个方面进行入手：首先要对渔业管理进行阶段划分，不同阶段采取不同的管理措施。由最初的自由化市场，到政策管控，最后再到政策引导与激励。在此基础上总结经验，重点评估资源环境、可捕捞量，确定捕捞配额以及捕捞监管等几个方面。其次要充分评估各管理制度之间的环境、经济和社会效益。不断优化制度的设置、管理、监管等各个方面，使其更符合我国的实际情况，要构建一套科学有效直观的绩效评估系统，及时对政策进行调整。

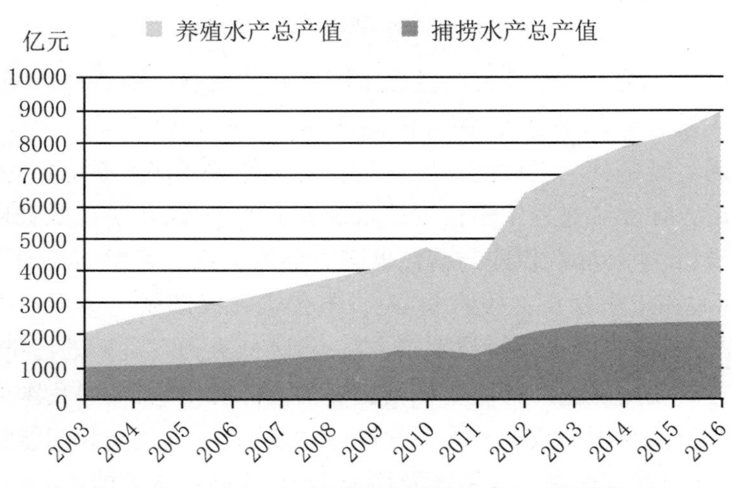

图3-4　2003～2016年全国养殖与捕捞水产总产值变化趋势

我国可以充分借鉴以往农村土改的经验,采用“优势互补”的方式,构建出一套可行的混合管理体制。在规定我国的捕捞配额时,不可以采取“一刀切”的方法,而应该根据渔业的不同用途设置不一样的配额。一般可以分为休闲渔业捕捞、商业捕捞、渔村捕捞等三种配额。相关部门应该充分评估我国海洋资源的总可捕捞量,根据当地渔业发展的历史和目前的现实情况。在科学论证和广泛讨论的基础上,设置一个合理的渔业捕捞配额。具体到不同的城市,还可根据需要将其捕捞配额进一步划分为商业可捕捞配额和休闲渔业可捕捞配额。渔村的可捕捞配额可以进一步细分,给每一个渔村配备不一样的额度,根据实际情况而定。而对于商业可捕捞配额,可利用拍卖确定。除此之外,还应该做好海洋渔业资源环境调查、海洋生态环境监控以及渔业捕捞监督管理和捕捞配额的转让制度等各个方面,使我国的渔业配额制度能够很好地落实下去,充分发挥其应有的作用。

3.2.5 海洋养殖产业升级

广东省的海洋养殖产业在国内非常有代表性。一直以来,广东省都是我国的海洋渔业科技大省,最早对鱼、虾、贝、藻等产业进行海水养殖。然而,在进行渔业产业升级的过程中,广东省面临着诸多困难,主要集中在研发投入不足,养殖模式落后,龙头企业较少,资源持续萎缩等方面。

从科研实力来看,广东省拥有雄厚的研发力量,众多科研机构和产业人才汇聚于此。对于促进广东省的渔业产业转型,这些是宝贵的资源。省政府应该充分重视,积极引导产业发展,出台相关的扶持政策和保障制度。进一步促进“产学研”的融合,加快实验室成果向实践转化,切实提高广东省渔业中的科技水平。集中资源,全力攻克产业发展中遇到的瓶颈。强化多方协作,与国外渔业发达的国家积极交流,吸取经验,提升研发能力和管理水平。在省内积极推广新型养殖模式,设置相应的示范基地。积极培养涉海专业相关人才,巩固壮大产业人才队伍,助力渔业转型。提高海洋生态保护水平,积极向深海、远海拓展水产养殖的发展空间。

政府相关部门应充分做好连接者的角色,将科研单位与企业进行充分对接融合,将新技术新成果快速地推向市场,不断试错,进一步走向成熟。同时还要积极探索规模化、智能化的应用,构建大数据平台,提升管理水平。同时还要加强食品安全的管控,积极发展渔业产品深加工技术,提高附加值,为海洋渔业转型升级助力。

3.2.6 海洋生态保护

海洋生态保护是指通过采取有效的措施,对海洋生态系统以及海洋自然历史遗迹和景观加以保护,修复受损环境。

为了保护我国的海洋生态系统,我国专门制定了《中华人民共和国海洋环境保护法》。该法规明确指出了建立海洋自然保护区的条件:

(1) 具有典型性和代表性的海洋自然地理和生态区域,以及遭受破坏但具有一定恢复能力的海洋自然生态区域。

(2) 具有丰富海洋物种的区域,或珍稀、濒危海洋生物的栖居地。

(3) 具有特殊保护价值的海域、海岸、岛屿、滨海湿地、入海河口和海湾等。

(4) 具有重大科学文化价值的海洋自然遗迹所在区域。

(5) 其他需要予以特殊保护的区域。

3.3 技术环境

3.3.1 关键技术重大突破

随着我国经济的高速发展,未来对于能源供应的需求仍会不断加大。为改善能源结构,保障我国能源供应的安全,应将能源发展的重点放在清洁能源上。发展海上风电就是其中的重要一环,具有广阔的开发空间。

我国沿海地区能源需求量大,海上风电很好地缓解了东南沿海城市的能源供应压力。因此,许多专家提议将发展海上风电作为我国接下来能源产业转型的重要方向。

中国工程院院士刘吉臻明确指出未来我国风电产业要从陆上向海上进行转型。2021年12月,我国海上风电总容量为14.8吉瓦,位列世界第一,在建容量居首位,我国海上风电产业已进入快速发展的阶段。

为了保障海上风电产业的可持续发展,必须要重视研发投入。专家建议我国有必要加强与国外传统海上风电强国的交流和技术合作,吸收他们的建设经验,同时要推动技术革新,集中研发资源,培养行业人才,推动实验室成果应用等。通过这一系列措施为我国海上风电产业高质量可持续发展助力。

海上风电产业的发展需要多学科的共同支撑,包括海洋水文地质、电力、机械、通信与控制等。发展该产业是我国能源战略的重要部署,国家对产业的发展出台了许多扶持政策。上海东海大桥100兆瓦示范项目是我国第一个海上风电站。当初它的建立面临许多困难,国内也缺乏相关的经验,同时还面临国外的技术封锁和价格垄断。在这种情况下,国内专家努力解决了海上风电机组抗风浪、抗急流、抗腐蚀等问题,在建设施工时也解决了许多工程难题,最终成功建立了全球除欧洲外首个大型海上风电站。

随着我国海上风电产业的不断发展,一批有技术实力的企业也涌现了出来。上海东海风力发电公司通过独立研发的机舱密封和换热系统技术,将海上风电机组的抗台风、抗腐蚀能力大大增强,保证了机组的长期稳定运行。同时,该公司的海上风电机组单机容量也不断加大,很好地满足了行业发展的需要。而在建设方面,该公司也解决了传统海上风电机组安装过程中精度和定位等重要问题,曾经在一个月内将8台海上风电机组吊装成功,打破了行业纪录。为了保障风电机组的平稳运行,该公司设计制造了我国首条海上风电专业运维船,并且制定了科学合理的运营规范和维护流程,使得我国海上风电场的运营维护更为专业规范。

东海大桥海上风电场于2010年正式并网。到目前为止,已累计发电10亿度,解决了上海市20多万户居民的用电需求。减少煤炭消耗量达40万吨,碳排放减少100万吨。该项目获得了14项发明专利,形成了13项行业标准。其成功经验推广到了其他沿海省份共20余个海上风电项目中,起到了良好的示范效果。该项目实现了我国海上风电产业“0”的突破,培育了我国海上风电产业的供应链,在建设过程中也培养了一大批的产业人才。其取得的成果坚定了我国开发海上风能的信心和决心,为推动我国风电产业战略转型做出了极大的贡献。

3.3.2 技术带动成本降低

海上风电机组最重要的零部件就是机组叶片,风力机组叶片的结构和性能直接影响着发电效率。随着机组叶片技术不断的提高,单机容量不断提升,同时产业规模化效应越来越显著,这些因素都降低了海上风电场的发电成本,使其经济效益更高,促进了更多的资金投向海上风电产业。

目前国际上有近1/3的风电机组来自于LM Wind Power公司,该公司拥有雄厚的技术实力。其花费两年时间为通用公司定制了107米的机组叶片,这是迄今为止世界上最大的海上风电机组叶片,获得了德国技术监督协会的认证。使用该叶片制造的Haliade-X 12/13兆瓦海上风电机组每年可以发电6700万度,一台风电机组就可以满足多达16000户家庭的用电需求。

3.3.3 技术未来发展趋势

风电机组相应的测试技术与设备亟待发展。上述叶片在进行测试的过程中遇到了许多的困难。按照测试方法,研究人员需要在叶片上施加比以往高50%的极端负载,从而测试叶片的稳定性和强度。然而由于叶片过长,超过了测试设备可容纳的长度,因此研究人员不得不把叶尖部分切除才顺利完成测试。

目前世界上所使用的能源大多以化石能源为主,然而随着对能源的需求量越来越大,化石能源出现了资源短缺的现象,其带来的污染问题也越发引起人们的关注,海上风能是一种新型的清洁能源,近些年来各国大力推广,其未来市场十分广阔。

第4章　海上风电与海洋牧场融合发展政策环境及规划

4.1　海上风电主要政策发展动态

4.1.1　海上风电政策历程

为了增强海上风电市场竞争力，国家出台了许多相关鼓励政策。目前国家相关政策制定经历了4个过程，分别是环境营造阶段、萌芽示范阶段、快速发展阶段和全面加速阶段。

我国海上风电产业政策始于渤海湾钻井平台试验机组的建立。在此之前，行业普遍处于无序发展的局面，缺乏政策引导。

从2009年开始，我国海上风电产业的相关政策陆续出台，行业发展开始规范起来，积累了大量的建设经验，还培养了一批行业人才，为后续的推广建设提供了极大的帮助。在国家政策的大力扶持下，我国在萌芽示范阶段取得了丰硕的成果，到2014年，我国已拥有17个海上风电场。

到2014年，我国海上风电产业迎来了建设爆发期，大量的资金涌向海上风电产业，国家的相关鼓励政策也愈发成熟，更加精准有力地扶持海上风电产业的发展。

从2016年开始，我国海上风电产业发展速度进一步加快。国家按照产业发展的需要出台了许多精准的配套政策和措施，进一步规范了行业的发展。

4.1.2 海上风电电价标准

目前我国海上风电电价标准不一，各个省份之间有所区别。根据最新规定，新申报的海上风电项目上网电价需要通过竞争的方式来确定。2019年公布的海上风电指导定价为0.8元/度，2020年调整为0.75元/度。规定要求各地海上风电项目上网电价不得高于指导价。

4.1.3 《能源技术创新“十三五”规划》简介

近年来，国家明确指出要逐步减少风电补贴额度，充分参与市场竞争，切实有效地增强产业发展的韧性和实力。各级地方政府需要根据自身的实际情况和产业发展现状，科学合理地规划建设风力发电项目。

《能源技术创新“十三五”规划》这一文件的出台使热闹的光伏市场降温，补贴额度的减少，在短期内势必会对产业的发展造成一定的影响，但是从长远来看这一做法十分必要。光伏产业需要不断加强自身的技术和效率水平，在充分竞争的市场中不断取得进步，使平价上网成为产业发展的趋势。

2019年，国家发展改革委联合国家能源局共同发布了《关于积极推进风电、光伏发电无补贴平价上网有关工作的通知》，该文件明确提出以下要求：

(1) 建立平价上网和低价上网相关试点。

(2) 进一步优化投资环境。

(3) 鼓励通过绿证交易获得合理的经济补偿。

(4) 进一步促进光伏发电和风力发电市场化。

(5) 推进本地消纳平价上网和低价上网项目的建设。

该文件划定了许多框架，进一步规范引导平价上网项目的发展。要求各地根据自身实际情况，将平价上网相关政策落实下去。

4.1.4 《海上风电场设施检验指南》简介

中国船级社(CCS)根据海上风电机组设施在设计、建造、安装和运维时特点，制定了《海上风电场设施检验指南》，该指南规范了海上风电机组在运行过程中的检验技术规定和要求，很好地适应了目前我国海上风电产业的发展，对于帮助我国海上风电场的长期稳定运行具有重要意义。

CCS具有雄厚的海上人工构造物检验技术实力，在制定指南时充分参考以往标准，并结合产业现状，针对海上风力发电机组主体结构、支撑结构和升压站平台分别制定了不同的检验要求和相关规定。

该指南的出台，将进一步促进我国海上风电场检验服务产业由独立的单一模式向全领域、全生命周期和集成化转变。

4.1.5 海上风电补贴退坡政策

根据我国海上风电产业发展现状，预计五年内将实现平价上网。目前国家应该继续保持一定的相关补贴，逐步减少，最终实现海上风电产业的自主发展。

经过近十年的发展，我国海上风电已初具规模，这对我国进一步优化能源结构，实现经济转型十分关键。在发展过程中，政府的产业补贴政策具有极大的促进意义。陆上风电不仅实现了规模化发展，积累了雄厚的技术实力，而且大部分都已实现平价上网。通过并网电价的调整进一步增加了产业的效率和经济效益，为我国打造了一个拥有领先水平的高端制造和绿色能源产业。

据悉，过去五年全球海上风电成本已经下降了一半以上。较早发展海上风电产业的欧洲各国已经取消了2020年前建成并网的海上风电项目的相关补贴。数据显示，目前我国近海风电项目的建设成本为1.4～1.9万元/千瓦。在2010年时，建设成本为2.37万元/千瓦，同比降低20%以上。但需要注意是，我国海上风电产业仍处于初级阶段，仍有许多技术优化空间，未来随着技术进步和运行效率的提升，我国海上风电成本将会进一步降低。企业正在进一步开发更大单机容量的发电机组，单机容量甚至可达10兆瓦以上，这有效降低了安装和建设成本。通过规模化效应和专业施工装备的投入使用，结合大数据和数字化的应用，将进一步降低我国海上风电全生命周期发电成本。专家预计，未来五年我国海上风电的度电成本可降低40%以上，到2025年基本可以实现平价无补贴。

国家十分重视海上风电产业，原因在于：

(1) 为我国进一步改善能源供给助力。目前我国正在逐步实现碳中和的目标，传统的化石能源碳排放高。随着我国经济的不断增长，对能源的需求只会越来越大。因此，必须要加快清洁能源的发展。

(2) 能够提升我国海洋经济效益。国外经验表明，通过大规模的投资建设清洁能源产业，不仅可以优化当地的产业结构，还能增加就率业，提高相关产业的技术水平，取得了良好效益。

(3) 提高能源自给率。目前我国能源产量无法满足自身需要，超过21%的能源来自国外，每年进口原油超过1000亿美元(图4-1)。海上风能的开发，有利于提高我国能源自给率，降低能源安全风险。

(4) 有助于提高我国的高端制造水平。海上风电产业运用了许多的高端制造技术，有助于带动我国高端制造产业链的发展，培养行业人才。同时在海洋监测、施工和专业船舶建造等方面也会具有带动作用，推动我国相关产业基地的建设，为“中国制造2025”助力。

(5) 海上风电产业的发展有助于我国实现海洋强国的战略。未来我国将进一步探索海上风电场与海洋牧场的融合模式，为我国的海洋经济开发和装备制造创造新的增长空间。

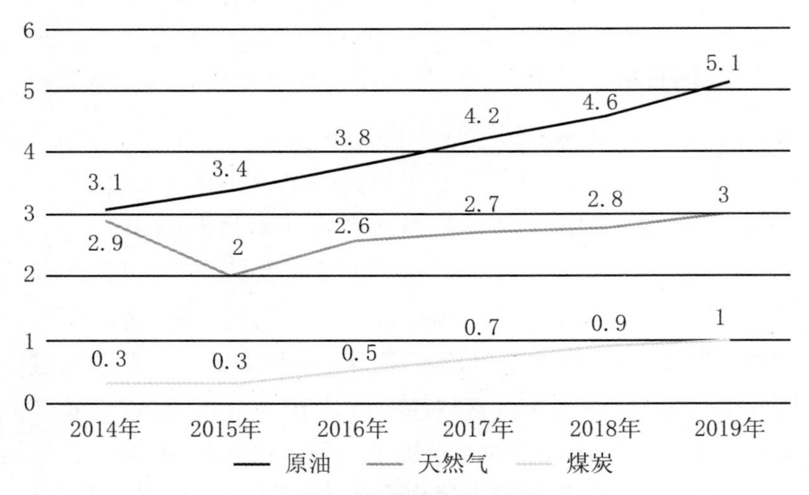

图4-1　2014～2019年全国主要能源进口情况(单位:亿吨)

目前，海上风电成为世界各国开发新能源的重点，欧洲国家在这一方面走在前列。作为海上风电最成熟的市场，2018年欧洲海上风电在全球占八成以上。专家预计，2030年末欧洲将拥有8000万千瓦的装机容量。截至2018年，英国海上风电装机容量为818万千瓦，德国则是638万千瓦。英国目前已作出明确规划，未来10年将其国内海上风电装机容量提至3000万千瓦，德国则计划到2030年将装机容量提升到1500万千瓦。到2030年，荷兰的海上风电装机总容量目标为1150万千瓦，印度为3000万千瓦，韩国为1800万千瓦，日本为1000万千瓦，美国也是1000万千瓦。

专家指出，目前我国的海上风电产业补贴政策仍有不足之处。随着可再生能源产业的不断发展，补贴资金的缺口越来越大。这时应该及时调整补贴政策，不能单靠国家财政进行补贴，也要依靠地方财政对补贴资金进行补充。发展海上风电产业对当地经济发展具有巨大的带动作用，不仅可以扩大产业规模，提高制造技术，而且可以提高经济效益，确保能源供应的安全。我国沿海地区不仅具有巨大的海上风电发展潜力，而且也是重要的能源负荷中心，开发海上风能，可以充分满足当地的能源需求。这些省份具有较强的财政实力，因此可以对当地的海上风电产业进行适当的补贴。经过测算，从技术进步和产业发展的方面考虑，我国每年海上风电增量应该在300万千瓦左右。从2022年开始，地方财政要对新增的海上风电项目进行接力补贴，补贴金额为0.2元/(千瓦·时)，往后逐年降低0.05元。到2025年，补贴金额为0.05元/(千瓦·时)。2026年开始取消补贴。2022～2025年，预计每年财政补贴支出分别为18亿元、31.5亿元、40.5亿元和45亿元。这些补贴金额由江苏、浙江、山东、广东和福建等沿海省份进行平摊，预计上述各省每年需要3.6～9亿元，占其2018年财政收入的比例为0.03%～0.3%。随着当地财政收入的增长，补贴所占的比例将会越来越低。这些财政补贴将可以为当地每年带来超过500亿元的固定资产增长，解决数万人的就业问题，未来还可以提供源源不断的税收。对于增强各省的海上风电产业的竞争优势，扩大市场规模，打造装备制造基地具有重要意义。

4.1.6 海上风力发电场国家标准

海上风电产业的发展得益于国家良好的产业政策。2019年以来大量的投资涌入到海上风电产业中，海上风电产业迎来发展的高速阶段。为适应产业发展需要，相关部门及时出台了《海上风力发电场设计标准》。该标准对行业制造设计等环节进行了进一步的规范与完善，为产业的长远健康发展保驾护航。

当前我国海上风电产业发展快速，在此阶段必须要建立完整的标准体系，统一市场规范和要求，这样可以最大限度地保证海上风电产业的有序发展。该标准大胆摒弃了以往参考国外制定的技术规范中不适合我国国情的内容,在海洋、电力和港口工程等方面大胆创新,充分总结了实践过程中的经验,更适合我国海上风电产业特点。对于进一步提升我国海上风电产业的规模和技术实力具有重要的意义。

纵观国内外,许多拥有海上风电产业的国家都规划了一个长远的目标。这表明,未来全球海上风电装机容量仍会不断增长,海上风电产业市场前景广阔。随着技术的不断进步,未来海上风电场将会进一步走向深远海,提高空间利用率,扩宽发展空间。

为增强我国海上风电产业的市场竞争力,国家适时调整风电补贴政策。要求2018年底前开工的项目,必须要在2021年底前竣工,才可以取得0.85元/(千瓦·时)的定价。可以预见,此措施将会加快我国海上风电的施工进度。

通过实施相关产业政策,给我国海上风电企业的发展带来了显著的经济效益。数据显示,许多风电企业在2019上半年都取得了营业收入和利润的同步增长,且增长幅度喜人。以东方电缆为例,2019年上半年营业收入14.9亿元,同比增长7.45%。而中材科技公布的财报数据显示,前半年度各业务板块的利润率都有所提高,净利润增加近八成。进一步巩固了其作为海上风电机组叶片龙头的地位。金雷股份是我国的风电主轴龙头,其在2019年上半年实现营收49236.31万元,增长率为70.08%。将来随着国家一系列产业政策的继续实施,我国海上风电上下游企业将会继续迎来大发展,实现合作共赢。

4.2 海洋牧场主要政策发展动态

4.2.1 《"十三五"生态环境保护规划》简介

2016年,国家将推动绿色发展纳入到"十三五"规划目标中,审核通过了《"十三五"生态环境保护规划》,强调要重视生态环境的保护,实现绿色发展。

该规划确立了以下主要任务:

(1) 进一步加强源头管控。为国家生态保护划定红线,完善相应的技术标准和规范体系。加快淘汰高污染、高能耗企业。加大研发投入，创新资源节约型技术和生态恢复工程，加快发展绿色环保产业。

(2) 继续实施污染防治，重点针对空气、水资源和土地资源的污染。加快打造一批生态环境保护重点工程，对钢铁、化工、建材等高污染产业进行集中整治。另一方面，对于农业和畜牧业也要进一步规范发展，制定相应的行业规范使其达到排放标准。对于国家生态保护的重点地带，要实施严格的保护和修复政策，切实有效地保护生物多样性。

(3) 针对对环境有害的生产原料和废物要进行全面管控，降低其对环境的污染。

(4) 进一步构建企业排放许可、排污权交易和环境损害赔偿等相关制度，明确各方责任，建立有效的管理机制。提高执法效率，从严处罚偷排责任人。强化我国绿色金融体系，依计划逐步征缴环保税，实现我国的绿色发展。

4.2.2 《全国海洋牧场建设规划(2016～2025)》简介

2017年农业部渔业渔政管理局组织制定了该规划。规划指出，我国幅员辽阔，具有巨大的海域面积，拥有岛屿近6000个，绵长的海岸线给我国提供了丰富的海洋资源。随着我国经济和人口的快速增长，环境污染和过度捕捞等现象逐渐显现出来。对我国可持续利用海洋资源造成了严重的威胁。建设海洋牧场已被证明是一种十分有效的海洋资源开发模式。不仅可以促进渔业资源的增长，还可以保护海洋生态，恢复受损群落。当前，我国海洋牧场已经形成了一定的规模，但不可忽略的是，发展过程中存在诸多问题。在海洋牧场建设的早期，由于缺乏统筹规划和科学管理，因此海洋牧场普遍效率低下。十八大以来，我国十分重视生态文明，要建设成为海洋强国。出台了《国务院关于促进海洋渔业持续健康发展的若干意见》，要求进一步加大投入，切实有效地提高海洋牧场的作用，加大产业发展范围，完善市场布局，提高资源利用效率和经济效益，加快渔业经济转型升级。

4.2.3 《"十三五"渔业科技发展规划》简介

"十三五"以来，国家出台了《全国渔业发展第十三个五年规划》，明确提出我国要进一步加大对渔业科技的投入，利用现代科技帮助传统渔业实现转型升级，并于2017年1月制定了《“十三五”渔业科技发展规划》。

在“十二五”期间，国家针对当时渔业产业发展过程中面临的许多突出重点问题集中力量、整合资源进行攻关。累计投入经费达50多亿元，其中近半数为国家级科研项目经费。巨大的投入也取得了丰硕的成果，“十二五”期间我国在渔业产业和关键技术方面取得了巨大突破，同时在资源养护、环境保护、苗种选育、科学养殖、病害防治、水产品深加工、装备制造和信息化等方面均取得了重大进展，一套成熟有效的渔业养殖体系在全国各地推广开来。在此期间，渔业科技方面取得了8个国家级奖励和600多个省部级奖励，共培育68个新品种，制定230项渔业行业标准。渔业科技进步贡献率达到58%。

十八大以来，建设海洋强国成为我国发展的一大重点，国家持续推进创新驱动发展战略，出台了一系列鼓励科技创新和体制改革的相关政策。海洋强国需要有现代渔业作为支撑。这要求我们必须要进一步加大科技创新，加速传统渔业的转型升级，将规模化、智能化、产业化引入到传统渔业中，切实提升渔业产业的生产效率和附加值，提高收入水平。

当前我国已经进入到经济发展新阶段，传统的渔业模式已经无法满足产业发展的需要。当前的渔业面临着三个主要问题：一是由于过量的捕捞和破坏造成渔业资源的衰退，生态系统遭到严重破坏，生物多样性降低。二是由于装备设备落后，所以传统渔业的生产效率较低，经济产出较少，附加值不高。三是渔业养殖过程中的病害增多，不仅增加了养殖成本，造成渔民的经济损失，也不利于提高产品质量。要建设现代渔业，必须要解决这些长期存在的问题。渔业生产方式亟待转型，要从过去的注重数量增长转化为以质量的增长为核心，以绿色创新的方式合理地开发资源，在提高生产效率的同时，对环境的破坏降到最低。要增加渔民知识和技术的储备，加快培养新型现代渔民。

4.2.4 《“十三五”海洋领域科技创新专项规划》简介

该规划由科技部、国土资源部、国家海洋局于2017年5月联合印发。规划指出，“十三五”是建设海洋强国的关键时期。将我国建设成为现代化的海洋强国，是国家的发展重点之一，必须要提高海洋资源的开发利用率，以绿色科学的方式开发海洋、保护海洋，坚定捍卫我国海洋权益。必须要加大研发投入，发展高新技术。为我国海洋科技创新制定一个整体的规划，打造一套完善的科技创新体系，充分地将绿色、清洁、可持续的发展理念融入到规划当中，集中力量破除传统渔业发展过程中存在的弊端，显著提高我国渔业产业的科技水平。

这些年来，我国通过科技创新和政策引导，在海洋科学与技术方面取得了许多突破，达到了世界先进的水平。“深海勇士号”4500米级载人潜水器、重型自航绞吸挖泥船“天鲲号”、载人潜水器“蛟龙号”等一系列新型海洋装备的成功研发，进一步提高了我国海洋科技的技术水平和装备制造能力。目前我国在海洋领域发表的论文总数已经排在第二，仅在美国之后。但需要注意的是，目前我国在技术研发方面模仿的较多，在原始创新方面还有待提高，要实现更多从0到1的突破，才能真正引领世界海洋科技的发展。

(1) 目前我国已经初步建立了海洋环境监测技术体系，在近海环境监测方面具有了一定的技术水平。通过多年的持续投入，我国在定点平台观测、雷达探测和海洋遥感等方面都已经达到了世界先进水平。水生传感和海底观测网，以及移动平台观测技术等方面也在快速发展，目前已经在北海建成了区域性的海洋灾害预测预警系统，海洋环境立体实时监测网和内波观测试验网也分别在东海和南海建立了相关的示范基地，运行良好，取得了极大的经济社会效益。但是我们仍要清楚地认识到，在海洋环境监测方面，我国的综合技术水平与世界先进水平还有一定的差距。特别是在传感器方面，大多仍以国外进口为主，国内相关产品技术实力较弱，无法很好地满足产业发展的需要，市场竞争力不强。必须要进一步加大研发投入，突破专利壁垒。

(2) 目前我国在深海关键技术方面取得了许多重大的成果，在深海探测与作业能力方面，已经下探到4500米以上的水平，一大批先进的深海探测与作业设备层出不穷。在深海耐压材料、深海推进器、深海通信与定位和机械手臂等方面均取得了极大的进展。这些技术与装备在深海探测和海上事故救援方面均发挥了极大的作用，也进一步提高了我国的高端装备制造水平，带动了产业链的发展。但是，目前我国在深海探测和作业技术方面的整体水平与国外仍有10年左右的差距，不同领域之间的发展情况也不够均衡，未来仍需要继续努力发展。

(3) 已初步实现对近海海洋资源的开发利用，具备一定的深海油气作业能力。目前我国对海洋资源的开发利用主要集中在近海范围，并且具有比较成熟的一套技术体系和开发模式。而在深海油气开发方面，也研发出了深水半潜式钻井平台“海洋石油981”等装备平台，具备了一定的实力。但是许多深海油气装备还处于原型机阶段，有待进一步地完善，在这方面与国际先进水平仍有15

年左右的差距。目前,我国在海洋生物资源的开发利用上已经取得了一批世界领先的技术。特别是在近海海水养殖、苗种选育和药物制备等方面进步显著,达到先进层次。但是,发展不平衡的现象仍然十分明显。突出表现在技术水平方面主要是单点核心突破,整体的综合实力还有待进一步地提高,而且在深海养殖方面相关研究较少,技术方面相对薄弱,经验也十分欠缺。我国的海洋生物资源开发和品种积累相对较少,还未实现规模化,在国际市场中竞争力和影响力较小,离国际先进水平还有10年左右的差距。在对海洋矿藏进行探测和开采方面,我国已有了一定的技术储备。近年来,我国取得了独立制造海水淡化设备的能力,突破了国外的专利限制。在海上风能和潮汐能等海洋能利用方面,达到了世界先进水平。

(4) 建设了一批海洋科研基地,培育了相关技术人才,基本构建起一套海洋科学研发体系。目前我国在海洋领域已建成近20个国家重点实验室和50多个省级以上重点实验室;上百所大学拥有涉海专业。在海洋领域发表的论文总数已经处于世界前三。未来,这一大批产业人才将会进入到行业当中,为我国海洋科技综合实力的进一步提高贡献力量,在自主创新方面取得更多突破。

(5) 制约行业发展的突出问题。由于我国在深海海洋科技方面起步较晚,相关研究也较少。因此,与发达国家相比,我国的整体科研实力仍然较弱,抗风险能力较弱。这极大地削弱了我国海洋相关产业在国际市场中的竞争力。目前我国对于海洋的开发利用主要集中在近海与浅海上,对于深远海的开发十分不足,在设备研发和制造方面落后许多,在海洋环境抵御风险方面也十分欠缺。目前尚未建成国家级的海洋环境安全保障平台和保障系统。在海洋高新技术方面,我国无论在规模还是技术方面都存在较大不足,上下游产业链体系仍不完善。在海洋科技领域,我国海洋科技研发的产业化水平仍较低,研发资源分散。实验室成果的应用转化率较低,不能很好地满足产业发展的需要。要解决以上问题,关键在于研发投入和资源调配。国家应该出台相关政策,用政策引导来集中研发力量,补足产业发展中的突出短板,全面提高我国海洋科技产业的综合实力。

4.3 我国海上风电与海洋牧场未来发展规划

4.3.1 海洋经济发展“十三五”规划

根据《全国海洋经济发展“十三五”规划》的指导，在“十三五”期间，我国要进一步加强5兆瓦以上的大功率海上风电机组的研制，集中力量突破离岸变电站和海底电缆等核心技术，积极拓展能源存储和输电网等配套设施，科学合理地发展我国的海上风电产业。同时要积极倡导企业走向深远海，建设深远海型海上风电场，扩大产业发展空间。积极解决产业发展中面临的困难，调整产业政策，健全完善海上风电产业的技术标准和环境保护措施，保障海上风电产业的可持续健康发展。

4.3.2 近期发展规划

建设海上风电场是利用风能的可靠开发方式。目前世界各国都在加大对新型能源的研究，清洁能源的供给不断扩大。我国海上风能具有巨大的利用空间，国内能源消费市场需求量也极大。因此，近年来国家将海上风电作为新型能源发展的一大方向。但是，由于我国沿海经常会遇到台风天气，因此建设条件相对来说更为复杂。

作为一种清洁能源，海上风电优点明显，如资源丰富、发电效率高、不占用土地、容易建成大规模的电场等。因此近些年来，各国都将开发重点由陆上风电转移到海上风电，相关的科研院所和企业也在积极研究和开发海上风能的利用模式。

4.3.3 中期发展规划

目前海上风电产业已经成为全球清洁能源开发利用的重要方向，各国都在加大这方面的资金投入和研发力度。对其进行开发利用，对于加快我国的能源结构转型，优化产业结构，提高装备制造水平等方面都具有重要的战略意义。对于建设海洋强国也具有重要的支撑作用。从发展条件来看，我国沿海地区十分适宜大规模建设海上风电场，如广东省、山东省和浙江省等。

近几年海上风电规模显著扩大，年均增长30%以上。2021年10月，我国首次超越英国成为全球第一大海上风电市场，总装机容量达10.48吉瓦。

4.3.4 远期发展规划

作为目前研究的热点，海上风电还有许多方面需要完善，初期建设成本相对高昂，建设经验和人才储备也相对不足，因此要投入更多的力量提高综合实力。从技术难度上来说，在海上运营风电站难度更高，建设成本也更大，后期维护也相对麻烦，因此需要国家制定相应政策和行业标准来积极引导和规范行业的发展，不断将产业做大做强，提高竞争力。

目前国家已经针对海上风电产业发展的需要，制定了许多的鼓励政策，诸如补贴、竞价开发以及由政府联合企业共同开发等。同时国家和各地方政府也先后制定了可再生能源发展目标，给行业的发展不断提速。2020年，国家财政部公布了《关于促进非水可再生能源发电健康发展的若干意见》，意见指出，2020年以后审核通过的海上风电场将不能获得国家补贴。之前审核通过但还在建设中的海上风电场，必须在2021年结束前完成建设并正式并网发电，才可以获得相应的补贴。因此，2021年我国海上风电将会迎来“抢装潮”，大批的海上风电机组将会建设完工。

第5章　我国海上风电与海洋牧场融合产业发展综合分析

5.1　2018～2020年我国海上风电与海洋牧场融合发展综述

5.1.1　海上风电与海洋牧场融合技术发展态势

我国是一个海洋大国，海岸线绵长，海域面积达到了300万平方千米。目前我国大力促进海洋经济的发展，将建设海洋强国作为一个重要的发展目标。作为海洋经济的重要环节，海洋牧场和海上风电产业近些年来高速发展。开发风电可以改善能源供给，促进经济转型，降低碳排放。而建设海洋牧场可以将海洋变为“蓝色粮仓”，满足人民对蛋白质摄入的需求，改善生活水平，提高经济效益。因此，各国将新型渔业与清洁能源的发展统筹起来，努力试验海洋牧场与海上风电的结合方式。

5.1.2　海上风电与海洋牧场融合技术成本解析

海上风电与海洋牧场融合发展有助于更好地发挥风电的功能作用，充分利用风电平台，发展深远海养殖，降低成本，提高效益。为建设海洋强国，充分利用自然资源，我国很早就开始重视深远海养殖。然而多年过去了，我国该产业的发展速度仍十分缓慢，相关技术和配套设施也不够完善。造成这一现状的原因主要有两个方面：一个是技术问题，科研投入不够，科研成果转化率低等；另一个重要因素就是深远海养殖的综合投入和成本较高，导致许多企业不敢投资、不愿意投资。

我国目前海上风电规模庞大，已有一定的技术储备，风电开发目前已经逐渐走向深远海。在这一背景下，实现海上风电和海洋牧场的融合发展，可以提高资源的综合利用率，实现集约节约用海、立体用海。海上风电场在建设过程中，需要搭建稳固、设施完善的风电机组平台，且平台面积很大，可以提供完整的通信、供电和其他一些基础功能，这些完善的设备可以为海洋牧场提供强有力的支持。围绕着海上风电机组平台建设海洋牧场，可以共用许多基础设施设备，如利用海上风电平台的供电系统为海洋牧场提供电力支持，利用海上风电平台的通信系统为海洋牧场提供数据监测与传输、自动化控制等功能，利用海上风电平台的结构设施为海洋牧场建设提供支持。这样可以大大减少设施设备的重复建设，从而降低海上风电和海洋牧场融合的综合成本，提高经济效益。

因此，通过不断地优化海上风电和海洋牧场的融合布局，提升技术水平，进一步提高综合利用率，可以大大降低深远海养殖渔业的成本，取得更大的经济效益。

5.1.3 海上风电与海洋牧场融合技术趋势

随着海上风电产业的不断发展，国家及时调整了相应的补贴政策，逐渐由政策导向向市场导向转变。海上风电产业也应根据市场环境适时调整发展战略。目前，我国已形成相对完整的产业链，但上下游资源整合不够紧密，许多关键零部件无法完全独立生产，存在被国外“卡脖子”的风险。我们将继续加大科技投入，增强自主创新能力，增强国内产业链综合实力。此外，要勇于和有能力走出远海深海，不局限于近海浅海，积极拓展产业发展空间。在发展的过程中，我们必须重视海洋环境的保护。必须认识到，良好的海洋资源环境是产业可持续发展的必要前提。打造海上风电综合平台，推动渔业、储能、海水淡化等产业发展，构建产业集群，通过规模效应和集群效应，不断提高经济、环境和社会效益。

5.1.4 海上风电与海洋牧场融合发展体系

海上风电产业和海洋牧场产业融合发展是提高海洋资源利用率的创新方向。2000年开始，德国、丹麦、比利时等欧洲国家已经开展了将海上风电与海水增养殖融合的相关研究。通过将海水养殖的网箱和贝类研制的筏架固定在海上风电机组周围，从而实现集约化利用的目的，为其他国家发展这种融合模式探索出宝贵的经验。2016年韩国在其国内建设了相关试点，结果显示海上风电周边水域的渔获量有了明显提高。

在海上风电和海洋牧场融合发展方面的研究我国相对滞后，目前还未有相关案例。因此急需加大理论研究，查明我国潜在的发展能力和存在的问题，以及二者结合的相互影响因子，建立起一套科学成熟的融合发展体系，实现经济效益与社会效益的双丰收。

5.1.5 生态环境影响分析

目前，国外的建设经验表明，海上风电场的建设并不会对海洋生物造成很大的影响。例如，德国在海上风电场建设过程中，密切监视海洋生物的反应。结果显示，建设过程中打桩产生的声音可以被80千米以外的海豚、海豹和鲱鱼等听到，对20千米内的它们的行为造成影响。在海上风电场运转过程中，机组的噪声会被4千米内的鲱鱼和1千米内的鲑鱼感应到，并对它们产生一定的生理影响和行为影响。然而这种影响是可控的，且会随着海上风电场建设的完成而逐渐降低和恢复。其他对于海洋生物的影响的研究仍较少，还有待于进一步研究。

5.1.6 海上风电与海洋牧场融合发展规划

近年来，国家一直努力强化清洁能源供给，扩大清洁能源占比。明确要求提高清洁能源的市场化程度，扩大清洁能源规模，发展绿色金融和环保产业，构建一套科学、高效的能源供给体系。

在建设海洋牧场方面，国家投入了很多资金和人力物力，先后出台了诸多促进海洋牧场建设方面的文件。2018年，我国国家领导人在视察海南时，明确表示要支持海南的海洋牧场建设。随后在广东视察时也指出应在广东开展海洋牧场的相关试点研究。

建设海洋牧场不仅可以促进能源结构转换，加快经济转型，还可以改善海洋生境，保护物种多样性。

另一方面，我国海上风电产业近年来进展迅猛，截至2021年10月，已成为全球第一大海上风电市场,并进一步扩大领先优势。如何将我们在海上风电建设和运营时的成功经验充分运用到海洋牧场中,将其二者结合起来成为未来的一个重要探索方向。二者融合具有许多显著优势,我们要积极探索海洋资源的创新开发模式,使海洋经济向集约化、专业化、绿色化转变,提高生产效率,增加经济效益,为人们探索出一个友好利用资源的新方向。

5.2　2018～2020年我国海上风电与海洋牧场产业链发展分析

5.2.1　海上风电与海洋牧场融合产业链

传统观点认为,在海上大规模运营风电场,将会对当地渔业生产造成极大的影响。因为海上风电平台将会占用原本用来进行海洋渔业生产的海域,压缩传统渔业的作业空间。但是研究结果表明,建设平台能够起到类似于人工渔礁聚集鱼群的作用,因此可以增加当地海域的渔业资源数量,对于渔业生产来说具有一定的好处。所以,将海洋牧场和海上风电场结合起来共同发展,具有良好的开发利用前景。

5.2.2　产业链发展现状

近年来,我国对海上风电和海水养殖的融合发展进行了一定的摸索。2016年,在山东实施了悬浮养殖网箱的试验项目,其目的是在海上风电平台周围养殖海胆、贝类和藻类等,验证小型网箱实际应用效果的同时,也可以探究在海上风电场周围进行水产养殖的可行性和存在的问题,为海上风电与海洋牧场的融合发展积累经验。2019年,我国首个“海上风电＋海洋牧场”示范项目在山东落地,总投资51.3亿元,计划于2024年竣工。

我国的海洋牧场和海上风电产业都比欧美发达国家起步要晚,但海洋牧场与海上风电的创新结合,目前在国内外都处于摸索阶段,发展水平也大致相同。将二者结合发展,不仅可以节约海域面积,提高集约化和规模化水平,还可以促进渔业资源质量的提高，扩大清洁能源开发利用的规模，是现代渔业和新能源产业跨界融合的典范。虽然目前还没有找到最佳的结合方式，仍需探索，而且在建设过程中也面临着许多的困难，但是通过不懈的科研试验，在不久的将来，二者一定可以实现完美融合，产生巨大的生态改善作用和增加渔业产值，发展潜力巨大。

5.3 我国海上风电与海洋牧场开发探讨

5.3.1 海上风电与海洋牧场融合技术现状

海上风电和海洋牧场融合发展新模式的创新是二者融合发展的主要技术瓶颈。在进行海上风电建设时，一定要因地制宜，探索自身特色，重视与海洋牧场的融合发展，避免低水平的重复建设。依托海上风电平台结构和能源方面的优势，积极发展休闲海钓、海上观光产业，与海洋牧场进一步融合，更好地发挥鱼类资源增殖功能，扩大产业链条，实现多元化发展，而不仅仅关注风电效益。

随着目前国内5G技术的成熟以及自动化技术的广泛应用目前已经有企业在探索将这些技术应用于海上风电和海洋牧场融合发展项目。通过对监测数据进行分析诊断，可以实时监测海上风电站的运行状态和海洋牧场的资源状况，及时维护修理，保证二者稳定运行，降低了电力资源和渔业资源的损失，也为防患于未然提供了条件。从2020年开始，我国便开始在海上风电开发中逐步开展智能制造、智能生产和智能管理的探索之路。

2020年4月2日，上海电气风电集团拟在海阳市全面开展海上风电融合发展综合试点项目。融合发展范围包括海上风电场、海洋牧场、风电制氢与海水淡化四个方面。其在高端装备制造和海洋资源开发方面进行了深入探索。该基地按照“工业4.0”标准建设，将引入国际一流的智能生产技术和管理经验，打造一个集产品生产制造、检验测试等为一体的数字化、智能化海上风电生产基地。项目建成后，将是目前亚洲最先进的集技术、制造、实验、运维为一体的综合型海上风电产业基地。

2020年10月12日，国家电投江苏滨海南H3项目首台风机顺利并网。这是国内首个智能化海上风电场。该项目通过AI技术、物联网技术和大数据处理的深度融合,能够为海上设施的建设和维护提供广泛支持,在人员和船舶的高效调度和管理方面提供智能化的管控支持。将该技术进一步拓展应用到海上风电和海洋牧场融合项目中,可以进一步提升其标准化、智能自动化和高效化水平,为融合项目的运维提供有力支撑。

由于海上风电的应用场景较为复杂,因此搭建设施设备的费用较为高昂,维护费用也较高。为了进一步加大清洁能源供给,我国需要进一步扩大海上风电的规模,传统的管理模式和建造模式已经无法满足需求。特别是将海上风电和海洋牧场融合起来发展已经成为一大趋势,这对于管理能力和技术水平都提出了更高的要求。将智能技术运用到海上设施中,是解决我国目前海上风电和海洋牧场发展过程中遇到的关键难题的良策。

传统海洋养殖设施具有许多的不足和局限性。为了适应深远海恶劣的海况,许多科研机构和企业都致力于研制出新型的养殖设施,通过结构改进和新技术的应用,更好地适应深远海环境。

近年来,随着一些海洋装备制造企业进入深远海养殖装备开发与制造领域,国内开发并示范应用了多种结构的新型养殖装备,为加速深远海养殖产业化提供了众多探索与尝试。例如中国首座自主研制的大型全潜式深海智能渔业养殖装备“深蓝1号”,整个养殖水体约5万立方米,设计年养鱼产量1500吨,潜水深度可在4～50米之间调整,依据水温控制渔场升降,可使鱼群始终生活在适宜的温度层,生长速度更快,存活率更高,品质更佳。该装备依照实际生产需求和深远海环境特点进行开发设计,高度自动化,十分适合应用于海上风电和海洋牧场的融合项目中。

当前,我国正处于转型升级的关键阶段,打造高效、智能、稳定的海上风电和海洋牧场融合体系,是从本质上实现清洁能源和渔业资源高效产出的关键所在。

5.3.2 海上风电与海洋牧场融合项目选址及设计

海上风电与海洋牧场融合项目选址及设计需注意以下三点:

(1) 在选择海上风电和海洋牧场的融合布置方案时,一定要因地制宜,结合该沿海省份的近海和远海的实际情况,对海上风电机组的类型(漂浮式、塔式等)、施工方式以及融合运营的方案进行研究,探索出最符合当地实际情况和特点的融合发展方式。

(2) 在各沿海省份的海域进行充分调查研究,了解当地鱼类资源类型和养殖条件,找到最适宜于当地的海洋牧场养殖形式和养殖种类,从而更好地与海上风电进行结合,提高养殖效益和经济效益。

(3) 制定出一套完善的海洋牧场融合海上风电效益评估方案,重点研究融合项目的经济、社会和环境效益,从而实现效益的最大化,为项目的优化和推广提供可靠的数据支撑。

5.3.3 海上风电与海洋牧场融合项目可靠性影响因素

影响海上风电与海洋牧场融合项目可靠性的因素主要有以下三点:

(1) 成本控制。成本因素包括了建造成本和运维成本两大方面。与陆上风电相比,在海上建立风电站的施工难度更大,对于设备的要求也更高,需要有专业的海上施工船只,解决施工材料的运输问题、施工设备供电问题等,还要做更多的防护措施,尽量降低对海洋的污染。这些都极大地增加了海上风电站的建造成本。另一方面,海上风电站和海洋牧场运营和维护也相对更加困难。海上的环境更加恶劣,发电机组设备和海洋牧场的配套设施要经受海水腐蚀、风暴以及海浪的考验,容易受损。此外,运维人员也很难长时间都待在海上,若有突发状况难以及时前往处理。要解决这些成本问题,关键还是要依靠技术进步。相关企业要进一步加大研发投入,通过建造更加专业的施工船只,优化施工方法和流程等措施降低建造难度。同时,通过新材料的运用,提高机组设备的抗腐蚀和抗震能力,提高设备可靠性。此外,要充分利用目前的智能信息化技术,提高自动化程度,使更多的常规工作依靠机器完成,减少人力成本。全天候、全方位监测系统的运用可以帮助运维人员在陆上监控海上设施,及时发现异常,前往处置。

(2) 环境影响。在发展海上风电和海洋牧场融合项目时,一定要注意将经济利益和环境效益相结合。不可以为了发展而牺牲海洋环境。当前,我国已经拥有数量众多的海上风电站,海洋牧场也有上百处。然而,由于早期经验缺乏、技术水平的限制以及监管的不完善,在某些项目中出现了一些破坏海洋环境的现象。在海上风电和海洋牧场融合发展的过程中,一定要吸取经验教训,充分考虑环境影响。要进一步探索和优化二者之间的融合模式,实现生态效益和经济效益的双丰收。同时,要进一步完善相关的法律法规,建立可靠的环境影响评估系统,及时发现并处理污染行为,将环境影响降到最低。

(3) 技术支持。我国海上风电和海洋牧场与西方发达国家相比起步较晚,虽然近年来通过高速增长,在规模上赶了上来,但不可否认的是,我国相关产业在技术上与国际先进水平相比仍存在着一定的差距。目前,我国许多关键元器件还不能完全实现自主生产,需要依靠进口,有被国外"卡脖子"的风险。此外,供应链条还不够完善,上下游企业的资源整合还不够紧密。在智能化和发电效率方面也还需进一步提高,从而降低发电成本和维护成本,提高我国海上风电的市场竞争力。在海洋牧场方面,目前国内一些沿海省份已实现了规模化生产。但是,我国海洋牧场建设总体上仍处在人工鱼礁建设和增殖放流的初级阶段,亟需科学规划与技术支持。在海上风电和海洋牧场融合发展方面,我国的经验也不足,要加快探索,学习国外先进的融合模式,再通过技术创新,形成适合我国实际情况和实际需要的一套融合发展模式,为推广到全国沿海地区提供充分的技术支持。

在海洋牧场和海上风电场融合发展的过程中,一定要综合考虑,不能为了发电效率最大化而过分压缩海洋牧场的发展空间,也不能为了渔业的高效益而忽视了海上风电场的发电效率,必须统筹兼顾,合理调节二者之间的关系。要注重多产业协同发展,依托海上风电平台,发展海上救助、观光旅行、休闲垂钓、电能存储等产业,将海洋牧场和海上风电建设成为一条完整的产业链条,形成一个充分耦合的统一体,带动国内相关产业的发展。

5.3.4 海上风电与海洋牧场融合项目运维成本

当前海上风电与海洋牧场的融合还处于探索阶段,仍存在着许多问题亟待解决。其中一个比较大的制约因素就是运维成本的控制。数据显示,导致目前海上运维成本高的因素主要包括以下几个方面:

由于海上风电平台距离岸边较远,因此需要搭建很长的输电线路,在传输过程中会有大量电力被损耗。此外,由于海水的腐蚀性以及恶劣的海洋环境,因此海上电网的维护更为频繁,成本更高。

由于海上风电机组平台占地面积大,结构较为复杂,海上施工环境恶劣,且充满了不稳定因素。因此在建设过程中,需要配合先进的远洋施工船只,成本居高不下。然而,大多数的海上风电平台都无法得到充分利用,却需要支出巨大的运维成本保障其稳定运行,性价比较低。

海洋牧场面积广阔,要对其进行充分的实时数据监测,需要搭建完善的监测系统,成本较高。其次,要对海洋牧场进行及时维护,人力成本较高。

要降低海上风电和海洋牧场融合项目的运维成本,归根结底是要依靠技术进步。坚持技术创新,研发生态型运维技术,制定海洋牧场与海上风电融合发展标准、规范,为新技术推广应用提供良好的市场环境。

目前我国的特高压输电技术已经十分成熟,特高压在长距离、大容量输电情景中具有巨大优势,将其运用于海上输电,可以大大降低电力传输过程中的线损。此外,通过新型防腐蚀、耐老化材料的运用,可提高线缆的寿命,降低维护成本。

在施工建设海上风电平台时,应同步建设海洋牧场。充分地利用占地面积巨大的海上风电平台,赋予其更多的功能,从而提高其经济产出和环境效益,提高运维的性价比。其次,充分利用目前5G通信和自动化技术,通过大量实时监测设备的部署,将信息快速传输到陆地运维中心,从而减少人力调查成本,精准定位需要维护的地点,高效作业,进一步降低运维成本,提高海上风电与海洋牧场融合项目的经济效益。

5.4 海上风电与海洋牧场相关技术分析

5.4.1 海上风电与海洋牧场融合布局分析

在海上风电和海洋牧场融合发展的过程中,要积极开展海上风电站布置海域内的资源环境本底调查和环境承载力评估,建立海洋牧场中海上风电平台布局适宜性评价体系;充分评估不同底质条件对海上风电平台稳固性的影响,建立海洋牧场中海上风电平台建设底质选择技术;优化不同海洋牧场构建设施与海上风电平台协同布局方式;构建海洋牧场与海上风电平台融合互作模型,完善海洋牧场与海上风电场融合布局设计。同时,还要不断加强学习,总结国内外海上风电和海洋牧场融合发展的优秀案例,结合当地特点和实际情况,科学地选择适合发展海上风电和海洋牧场融合项目的海域。要构建成熟的环境实时监测调查系统,组建海洋生态系统和经济物种的长期监测数据资料库,为更好地管理和维护工作提供数据支持。科学评价海上风电生态效应,务必做到科学布局;不断优化实施方案,保护海洋生态环境,降低海上风电站对海洋牧场生物资源的影响;坚持科学发展,稳步推进,探索出一条可复制、可推广的海域资源集约生态化开发之路。

5.4.2 环境友好型海上风力机组研发与应用

在对海上风力资源进行开发的过程中,必须要注重环境影响。如何使海上风电站在建造和运行的过程中对环境的负面效应降到最小,开发出环境友好型的海上风电机组成为当前的一个研究热点。2019年4月,大自然保护协会(TNC)与中国可再生能源学会风能专业委员会达成合作,双方将合作探索适合中国的环境友好型风电发展之路。

海上风电清洁环保,对于优化我国能源供应体系,如期实现减排目标,提高环境效益和经济效益都具有重要意义。然而,当前由于规划不够完善,监管不够健全,因此有些海上风电场在开发过程中出现了一些破坏海洋环境的问题。

风力发电行业也在积极探索新的途径,保证风电与环保的协调发展。例如,可以在政府决策时提供更科学的指导;在企业开发建设之前,可以提出有效的规避措施;在不可避免地造成一定程度影响的情况下,可以对造成影响的海域进行生态补偿和修复。

在规划海上风电站的建设时,需要做好前期的调研工作,尽量避开生态环境敏感区域。此外,还需要努力提高风电机组的设计和施工水平,使之能够很好地融入环境,使其对环境的影响降到最低。

5.4.3 增殖型海上风力机组研发与应用

中国电建集团针对海上风电场的建设过程中存在的海洋工程、地质勘探、风电机组基础、海上升压站和海底电缆等关键技术进行了集中攻关和实际应用研究。研发出了一系列的综合勘探平台,形成了一套对海底地质勘探和测试的技术体系。研发出了新型的海洋钻探平台,具有很好的抗风浪、抗潮汐性能。建立了一套完善的海上风电场工程地质评价体系,并在此基础上编制了关于海上风电场的海洋水文、风力资源的测量与评价、完善市场布局的行业规范。对于海上风电机组的基础结构建设具有完善的建造装备和成套技术体系,提高了建造效率和耐久度。为解决近海浅覆盖层岩石地基基础问题,首次实现了大直径单桩基在浅海基岩的应用,为世界首例。发明了一体化辅助构件、冲沙预防等相关设备,大大降低了在海上施工的难度,提高了建造效率,降低了建造项目的成本。在基础搭建、建造施工、指标监测和后期维护等方面提出了成套的解决方案,率先建立起海上升压站。研究出220千伏交联聚乙烯海底电缆及设计方法,极大地提高了我国海底电缆产业的综合实力。

5.4.4 环保型施工和智能运维技术研发与应用

近年来发展清洁能源成为工作重点之一,国内致力于扩大清洁能源占比。十九大报告中就明确要求我国在发展绿色经济时要充分市场化,在市场竞争中扩大清洁能源规模,发展绿色金融和环保产业,构建一套清洁高效的能源利用体系。发展清洁能源可以改善我国能源供给,保障能源安全,改善生态环境。

在发展清洁能源时,必须要注意对环境的影响。不断提高施工水平,配合完善的环境影响评估系统,实现环保型施工。在建设海上风电站时主要存在的污染类型是水污染和噪声污染。水污染主要是由于建设废料和废水等进入水体中,从而造成局部区域的水污染。在建设过程中一定要注意减少建筑废水的产生,产生的废水和废料要尽量带走,减少对水源的污染。噪声污染对海洋生物也有较大的不良影响,因此施工单位要严格按照国家的相关规定来进行施工作业,并对施工现场的噪声分贝展开实时监测与控制。此外,施工单位要尽可能选择振动小和噪声低的施工机械设备,同时要做好隔音和隔振措施,将引发噪声污染的可能性降到最低。

随着技术的发展,智能运维技术越来越多地应用在生产领域。通过智能运维系统,运维人员可以在远离海上风电站的陆地上对其进行24小时的全天候监测,及时发现设备的异常,从而快速处置,节约大量的人力、物力,也降低了海上运维人员的安全风险。因此,要加快对于海上风电站智能运维技术的研发和试验,加快其商业化运用的进程,进一步降低海上风电站的运维成本,提高系统的安全可靠性。

5.5 海上风电与海洋牧场融合技术投产应用

5.5.1 海上风电与海洋牧场融合技术投产应用简述

发展海上风电和海洋牧场产业是我国发展海洋经济的重要环节,为推动我国新型高效渔业和清洁能源转换具有重要意义。二者融合发展前景良好,有助于提高经济效益。目前我国海洋牧场和海上风电的融合还没有建成的案例。下面将从海上风电与海洋牧场的发展历史与现状出发,阐述海上风电和海洋牧场协同发展的意义,积极找出阻碍我国海上风电与海洋牧场进一步发展的问题,提出科学的发展理念,探索出一条适合我国产业特点与资源特点的融合发展道路。

近些年来,我国将建设海洋强国作为一个重要的发展目标。作为海洋经济的重要环节,海洋牧场和海上风电产业近些年来高速发展。开发海上风电可以优化能源结构,促进经济转型,降低碳排放。而建设海洋牧场可以将海洋变为"蓝色粮仓",满足人民对蛋白质摄入的需求,改善生活水平,提高经济效益。因此,各国将新型渔业与清洁能源的发展统筹起来,努力试验海洋牧场与海上风电的结合方式。

5.5.2 工程勘察设计

在建造海上风电场前必须要对当地海域进行详细的工程勘探,下面以华能山东半岛南4号海上风电场的建造为例,介绍海上风电场的工程勘察设计。

(1) 建设选址:该项目位于山东省海阳市南边海域,计划建设面积约45.56平方千米,海上风电机组距离岸边约30千米的距离,建造深度为30米。

(2) 建造规模:装机总容量为300兆瓦,共58台风电机组。

(3) 时间安排:2020年3月将开始进行试桩工程,同年7月开始进行海上桩基的施工。2020年6月开始建造陆上运维中心。2021年12月，华能山东半岛南4号海上风电项目完成了第58台风机安装工作，海上主体施工全部完成。该项目目前已完成40台风机并网，完成发电量5155万千瓦·时，创下了山东省海上风电“首个核准、首个开工、首个发电”等多项纪录。

(4) 项目勘察设计规划：该项目在投标完成后应在10日内完成试桩方案，并在20天以内通过相关机构的审查；接下来要对海上风电场相关海域进行全面的测量和地质勘探工作，需要按照设计深度进行测量，60天内完成。在早期规划完成审查后，完成其他所有招标文件的编撰工作。建成验收后要完成竣工图设计，该勘探设计工作不仅要充分满足工程总要求，而且不能影响到招标过程中的设备采购和建造施工的工期。

5.5.3 施工设备和材料供应

当前，我国海上风电产业爆发式增长，叠加补贴退坡政策带来的“抢装潮”，导致了海上风电施工设备和材料出现了供应紧张的现象。专业的施工船、运维船以及安装平台均供不应求，许多材料设备也难以满足市场发展需要。数据显示，2020年我国海上风电累计装机容量已达10吉瓦左右，在建容量4.4吉瓦。大批风电机组设备的交付将给海上施工单位带来巨大压力。

我国海上建造能力不能满足目前海上风电抢装需求，主要问题在于：

(1) 国内海上风电的施工船只数量不足。

(2) 设备供应商的生产能力不足。

(3) 海上恶劣多变的施工环境制约着施工效率的提高。

按照以往经验，建造5台6兆瓦的风电机组，每天需要投入81艘施工船。由此可见，对海上施工船的需求巨大。我国船舶制造业应及时把握机遇，适时扩大规模，提高海上施工船设计、制造和维护能力，更好地满足海上施工的实际需要。

要解决目前材料、设备供应紧张的难题，离不开上下游供应链的共同努力。风电整机制造商要和设备供应商深化合作，协同发展，打通研发链条。通过规模化和集成化生产降低制造成本，提高生产效率，更好地满足产业发展需求。

5.5.4 建筑安装工程

海上风电场的建造工作包括:地质勘探、设备与材料的采购、装备调试与安装、工程施工、系统联调、项目试运行、运行发电、征收费用补偿、后续的维护服务、项目验收、运营管理及相关手续的申办。建筑安装工程主要包括:

(1) 工程的全面测量与设计。包括海上发电机组、海域选址、风能实时监测系统、输电网络、智能化控制系统、防雷装置、防腐防锈、给排水系统、通风及救援设备等,以及以上各系统的建筑设计和施工图设计、预算、施工图和竣工图编制等。根据政府部门和相关单位的法律法规和相关要求,完成审批流程、项目设计、施工、验收和后期维护。要充分满足海上风电站所在海域的勘探测量要求,满足建造深度的要求。

(2) 设备与材料的采购。将工程监造过程中需要用到的设备和材料写入清单罗列出来,并进行采购工作。主要包括:海上风电机组及配套设备、塔台和底座、建造升压站所需的电气设备、集控中心的运营装置、海底线缆和电网设备、安全设施、运输工具、特种设备以及备用零件的采购、运输、保管。

(3) 项目安装工程。包含海上风电机组基础平台和附属部件的安装;机组叶片和塔筒的安装;海上升压站的基础结构、导管架及上下部件的安装;排气系统、消防系统和空调系统的安装;自动化设备的安装;铺设海底电缆,搭建输电网络;安装锚固装置,进行耐压试验;陆地集成控制中心的建设和相关设备的安装调试;污染处理系统的安装;联合调试和统一验收工作。

5.5.5 配套设施施工工程

工程建设过程中要建设多个配套设施,包括有水、电、通信、照明、交通、临时生产设备、生活配套等,以及各类仓库及组装、转运、储存场所。建设过程中,承建单位要注意保护周边环境、保持水土,同时做好施工过程中的测量、安全监测、安全防护、监控设备管理等。

5.5.6 竣工验收投产

在工程建设时要注意符合当地的法律法规,做好文件审批工作。要注意做好海域使用及入海补偿的处理工作。施工时要做好登记记录,获得施工许可证等相关证件。保障好施工工人的健康和安全。竣工后要进行并网验收,办理好各种证件,对通信协议、电路、防雷、消防、电力、环保、发电业务许可证、劳动安全、卫生等方面逐一进行验收。

5.6 我国海上风电与海洋牧场融合产业面临的问题

5.6.1 综合技术实力较弱

海洋牧场是一种高效利用海洋资源和保护海洋环境的新型海洋开发模式,在推动渔业高质量发展,促进生态保护以及资源的可持续开发方面具有重要意义。目前我国海洋牧场在发展过程中,还存在着一些问题需要尽快解决:

(1) 海洋牧场能源供应困难的问题。这一问题给大型渔业设备的投入使用以及对养殖环境的实时监控带来了巨大的困难。必须要加快深远海供电系统的研发,完善维护流程,推动我国海洋牧场向装备化、规模化和智能化进一步发展,切实提高渔业生产效率。

(2) 海洋牧场空间利用率较低。目前海洋牧场在建设过程中,主要进行水下和水面部分的建造与开发,忽视了水上空间的利用。要加快构建出一套海洋立体开发模式,提高利用效率,增加产出效益。

由此可见,目前阻碍我国海洋牧场产业进一步扩大规模的因素主要存在于技术层面,因此必须要加大研发投入,进一步促进产、学、研的融合,集中力量攻破这些瓶颈,更好地满足产业发展的需要。

5.6.2 协调用海任务艰巨

发展清洁能源对于我国供给侧改革和能源结构优化具有重要意义。除了大力发展水能和太阳能以外，海上风电也是重要一环。数据显示，我国水深5～50米的海域，高度70米以内的海面上，可开发的风力资源达5×10^8千瓦。由此可见，我国近海拥有丰富的风能资源有待开发，且近海海上风电场的建设难度相对较低，容易建成大规模的电场。然而，目前还存在一些不利于开发的因素，主要包括：海上发电厂输出的电力在并网时损耗较大，且维护成本较高。建设的海上发电机组平台面积大，成本高，而其仅用于支持发电机组，未充分发挥价值等。因此，目前阻碍我国海上风电产业进一步发展的主要问题就是建造、运行和维护的成本高昂，发展模式单一，海上风电机组平台未得到充分的利用等。必须要加大研发投入，通过技术进步和模式创新加以解决。

5.6.3 资源和空间利用不合理

将海上风电和海洋牧场融合发展，不仅可以节约海域面积，提高集约化和规模化程度，还可以促进渔业资源质量的提高，扩大清洁能源开发利用的规模，是现代渔业和新能源产业跨界融合的典范。当前行业存在资源和空间利用不合理的现象，可以考虑围绕发电机组平台建设海洋牧场，充分利用资源和空间，提高经济效益。建设综合性、现代性的海洋牧场，形成“水下养鱼，水上发电”的立体模式，将蓝色粮仓和绿色能源结合起来，为我国能源结构优化和经济转型升级提供新的方向，为我国可持续开发利用海洋提供一条科学道路。

5.6.4 产业发展尚不成熟

在海洋牧场和海上风电场融合发展的过程中，一定要综合考虑，不能为了发电效率最大化而过分压缩海洋牧场的发展空间，也不能为了渔业的高效益而忽视海上风电场的发电效率，必须统筹兼顾，合理调节二者之间的关系。要注重多产业协同发展，依托海上风电平台，发展海上救助、观光旅行、休闲垂钓、电能存储等产业，将海洋牧场和海上风电建设成为一条完整的产业链条，形成一个充分耦合的统一体，带动国内相关产业的发展。

为了使海洋牧场和海上风电融合得更加紧密,必须对目前的海上风电机组和海洋牧场平台进行进一步的设计优化,使其更为匹配。同时还要研究出合理的施工技术和步骤,搭建配套设施和建设平台,提高建设效率,并形成一套完善的海上风电平台对海洋牧场中生物生理行为影响的评估体系,以便优化融合模式和运营方式。

5.6.5 影响海洋环境保护

我国是一个海洋大国,海域辽阔,资源丰富,具有开发利用海洋的巨大空间。然而随着经济社会的不断发展,以及捕捞和养殖设备的不断改进,人类对于海洋的索取也越来越多。过度捕捞导致海洋渔业资源面临枯竭的危机,污水的排放和生活垃圾的排入都进一步破坏了海洋的生态环境。海上风电平台的建设也会对海洋环境造成一定影响。这不仅影响了海洋中各类物种的生存繁衍,而且对于我国海洋经济的可持续发展也造成了严重的威胁。因此我们必须要重视海洋生态环境的保护工作,通过出台相关政策和法律法规,进一步规范海洋开发利用过程中的各种问题。从科学引导、加强监管和提高保护意识等方面多管齐下,共同维护海洋生态环境。为可持续开发利用海洋、造福人类提供切实可行的方法。

5.7 促进我国海上风电与海洋牧场产业发展策略

5.7.1 系统调查海上风能资源

我国东部经济发达,对能源的消耗也十分巨大,然而东部沿海地区缺乏传统的化石能源,因此要满足日益增长的能源需求,缓解东南沿海的用电短缺局面,加快优化能源结构和促进经济转型升级,最佳途径就是大力发展可再生能源。海上风能作为一种重要的清洁能源,其具有诸多的优势。东部沿海广阔的海域也给海上风电产业带来巨大的进步空间。但是,并非所有的海域位置都适合建造海上风电场。因为海上风电场前期投入较大,不同海域的风力资源也有所差异,因此在选址时必须充分地调查相应海域的风能资源数量、海底地质和生物资源等诸多因素,挑选建造难度相对较低,对环境影响较小,极端天气较为罕见且风力资源丰富的地区,才能提高发电效率,降低建造和后期维护的成本。

5.7.2 逐步推进海上风电发展

我国东部沿海海域的实际测风点普遍较为稀疏,测风序列较短,而且大多数的测风点都集中在距离岸边30米左右的近海区域。所以在我国近海深水区还缺乏详细的风能资源评价方法。以广东省为例,可以利用高分辨率遥感卫星、激光雷达、测风塔、海上浮标等多方面数据对广东省沿岸深水海域的海洋情况进行深入了解与评估,这对于目前严重缺乏测风资料的广东省来说具有重要的意义。在开发利用海洋时要因地制宜,按照不同海域的特点划分不同的功能区块,注意海洋生态环境的保护,充分评估工程建造对于当地物种的影响,在适宜的海域建造通航港口、海底电缆、油气输送管道以及海上风电机组等。做好当地潜在的可开发风能资源的评估工作,为开发利用海上风能提供可靠的数据支持。

专家表示,风能储量不等于实际的可开发能力。海上风力发电场的不同位置直接关系到海上风力资源的利用率和发电效率。所以风电场的选址非常重要。相关研究者的工作不仅要按千米级分辨率调查广东省沿岸水深35米以内的近海水域的风能分布状况和资源储量,还应充分考虑海洋功能区块的划分、生态环境保护、通航性、输电网和油气管道的布置、海上风电机组的发电效率和项目建设可行性等诸多方面的因素,为海上风电场的选址提供重要的参考数据。

目前,对于广东省近海深水区的数据调查和监测方面的数据还十分缺乏,必须要尽快开展相关工作。通过调查相关数据,综合诸多因素,确定出广东省近海深水区中适宜开发建设海上风电场的位置,并规划好符合当地海域负荷范围的装机容量,为广东省近海深水区中开发建设海上风电提供规划参考和决策依据。

目前,已经有相关公司可以提供海上高分辨率的风能资源调查服务,并且获得了广东省海洋与渔业厅的资金支持。这些公司运用多种手段,包括但不限于:高分辨率遥感卫星、雷达、测风塔、海上测风浮标等,对广东省海域的风能资源储备进行高分辨率的细致观测和调查,并对数据进行详细分析,从而为海洋功能区划分和海上风电场的建设选址提供科学的指导意见。

5.7.3 系统监控海洋养殖状况

近些年来,随着我国人口快速的增长和社会的进步,土地资源日益紧缺,因此尚未被广泛开发的海洋成为了人们关注的重点。我们必须要按照科学规范的原则对海洋进行开发利用。这对我国的海洋管理部门提出了更高的要求。相关部门必须要充分摸清不同海域目前的使用状况,同时要对其进行动态监测,为科学规划利用海洋提供重要的数据参考。

为了更好地调查我国海域开发状况,国家海洋渔业管理局建设了用于海洋的远程动态视频监控系统,总投资达477万元,包括指挥中心1个,远程监控点8个,目前已经投入使用。整套系统规模庞大,可以监控近14万公顷的海域面积,最大监控半径达到10千米。通过CDMA系统、AIS管外终端、卫星终端的三位一体地面监控手段,对近岸海域进行了高覆盖高精度的实时数据检测,提高了我国海洋相关数据测量的数字化和远程化,可以给科学决策提供更充分的数据支持。

这一远程动态视频监控系统的投入使用,将海洋项目的审查审核、证件下发和运营管理结合起来,从而提高项目建设的效率。海洋建设项目的静态管理和动态监测也被紧密地结合在一起,将海洋管理工作和数据监测变为一个整体,增强了我国的海洋管理能力,保证了相关规定的正确落实,为我国海洋经济的规范发展提供了保障服务。

通过运用远程动态视频监控系统,可以对相关海域进行全天候、全方位、真实有效的实时观测,随时了解当地海域目前现状。为及时处理紧急状况和违法违规行为提供了实时信息。当相关海域中发生突发状况时,管理部门相关人员可以通过该系统了解事件的前因后果,从而更好地处理各种突发状况,也有利于指挥人员迅速地远程指挥,调度一线工作人员进行处理。通过视频监控系统,相关部门的值班人员可以从画面中随时了解海域情况,及时发现非法用海、非法捕捞和非法排污等现象,并通过指挥中心远程指挥人员到达相应海域,及时制止相关的违法行为。该视频监控系统的创新之处在于,其监控点可以直接通过远程控制的方式对监控设备进行聚焦和变焦控制,从而对违法行为进行抓拍和录像,并将图像通过无线方式传输到数据中心,数据的记录具有连续性,可以进行长时间的持续监控。因此可以为违法行为保留证据,有效解决了以往海上执法难、取证难的局面，掌握了主动性，加强了执法能力，对违规行为的遏制更加有力。

目前我国许多沿海城市的中心城区都远离海岸。因此，要加快远程动态视频监控系统的运用，在重点海域设置监控点，从而实现对海洋项目建设和运营过程中的实时监测，更好地发现海上的突发性事件和违法违规行为，从而提高我国海洋管理的信息化水平和处理效率。

5.7.4 加快完善产业体系建设

新时代以来，我国进一步加快产业转型升级，发力高端制造，海洋新兴产业发展势头良好。但我国的海洋产业“大而不强”的现象值得我们关注。当前，我国海洋产业还处于转型阶段，面临着诸多转型过程中的阵痛现象。要解决这些问题，归根到底还是要把立足点放在加大研发力度，提高自主创新能力上。国家需要进一步加快产业转型升级，提升全产业综合实力，构建现代海洋产业体系，为我国海洋产业的长远发展奠定基础。

(1) 坚持统筹规划。政府部门应该大力推进海洋资源保护和企业开发建设有机结合。要坚持做好陆海统筹，开发利用好海岸带土地，积极调整海岸带生产企业布局，放大其生态作用。同时要将开发重点放在提高海域资源开发利用率上，积极发展对环境破坏小、低碳环保、经济效益高的新型海洋产业。对于运行中的高污染海洋项目，必须勒令其整改，进行节能减排改造，对不适于产业发展和对环境污染过大的企业进行关停。建立沿海生态保护和海洋循环经济等现代化生产方式。

(2) 改善产业布局，倒逼经济升级。大力发展海洋战略性新兴产业，努力提升战略性新兴产业在海洋生产总值中的比重。同时要鼓励发展服务业，提高经济附加值，努力开发生态旅游、休闲垂钓等产业。加速海洋经济转型升级，推动传统产业向绿色低碳发展。

(3) 提升产业综合实力，带动相关产业共同发展。加大研发投入，集中资源，对制约我国海洋产业发展中的“卡脖子”问题进行攻关，掌握核心技术，提高自主研发实力，整体提高我国海洋产业的市场竞争力，在国际上取得竞争优势。要进一步促进产、学、研的融合。加快实验室成果向实践生产转化。构建起科技成果交易与转化的相关平台，提高科研产出。同时要大力培育国内海洋产业供应链。辐射带动全产业链的发展,提高我国高端制造水平。培养产业人才,为产业的可持续发展提供人才保障。

(4) 进一步完善涉海金融服务,为海洋产业的发展提供资金支持。我国海洋经济产业要进一步发展壮大,没有足够的资金支持是不行的。因此进一步提升现代金融对于海洋经济产业的保障水平是必要的,构建海洋产业投融资平台,为海洋经济的发展提供全方位多层次的金融支持。做好生产融资对接机制,完善普惠金融服务,重点解决生产企业融资难、融资成本高等问题。鼓励金融机构开发海洋海域使用权抵押和海洋资源资产收益等创新的金融产品,为企业发展提供灵活的金融支持。

5.7.5 提高管理部门行政效率

当前,国家大力实施创新驱动战略,加快打造高端制造产业链,这些都离不开创新。创新是提高经济发展质量最好的"催化剂",因此必须建构创新型经济发展的制度机制。要充分认识到人才是创新的主体,所以必须进一步加大教育投入,培养创新人才;营造有利于创新的社会环境,鼓励创新活动和新产品的开发;帮助创新企业成长和提供便利的融资平台,推动我国产业向创新型经济发展。

(1) 加大教育投入,提高创新意识。人才是创新主体,因此我国要完善各类创新教育的投入机制,提高人才质量。加强学习与生产的结合,强化创新意识,鼓励学生勇于实践。培养出一个大规模的创新人才队伍,为我国的产业转型升级、创新发展提供坚实的人才基础。

(2) 建立激励创新机制,营造"大众创业,万众创新"的氛围。政府部门应该出台相应政策,为创新试错、创新融资、创新风险和收益等各个方面提供保障和支持。同时要加大对知识产权的保护力度,完善相应法律法规,为创新成果提供有力的保护。对创新企业进行财税减免政策,对关键领域可以提供相应的产业基金扶持。加快科研成果的转化效率,促进产学研的协同创新。将创新要素聚集起来,充分激发民众创新热情,培养社会创新氛围。

(3) 重点扶持核心领域创新项目,对前沿技术提供广泛支持。地方政府要充分发挥自身管理职能和统筹协调作用,在全面提高社会创业热情的同时,要集中资源和力量对一些关键领域的前沿技术产业进行重点扶持,如高端制造、信息技术产业、大数据、智能化、海洋科技等领域。依托科技创新平台，汇聚优势资源，对重大科研项目进行集中攻关，突破核心难题。将战略性前沿技术打造为优势产业，提供新的经济增长空间。进一步促进传统产业向高附加值、环保低碳等方向发展，促进经济转型。

各级地方政府要积极主动地促进经济转型，优化产业结构，提高生产效率，增加产品附加值，降低环境污染。为经济社会发展找到新的增长引擎，构建起创新经济发展模式。在指标制定、行业标准、监察制度、考评制度和组织结构等方面进一步探索、完善，建立一套衡量发展质量、推动发展的新制度体系。

5.7.6 构建市场激励政策体系

在第十三届全国人大一次会议上，习近平总书记要求广东省加快促进经济高质量发展，建立健全现代化经济体系，形成全面开放的新格局，在全国率先实现共建共治共享的社会治理格局。广东省一直以来都坚持以开放的胸怀接纳新兴事物，率先改革，敢想敢做，依靠毗邻港澳地区的位置优势，大力引进外资，借鉴先进经验，率先发展了起来，也给国内各行各业积累了许多的宝贵经验，培养了许多人才，创造了发展奇迹，为进一步高质量发展奠定了基础。新时代以来，广东省通过全面深化改革，激发创新活力，促进经济转型。形成高质量发展的制度优势，并进一步发挥引领和带动作用。

完善的市场资源配置制度可以极大地提高生产效率，是实现高质量发展的关键，也是实现市场资源有效供给的制度基础。对于加快产业结构优化和高水平发展十分有利。

(1) 要继续深化市场经济改革，使市场在资源配置中发挥决定性作用。为经济社会的发展提供强大的内生动力，寻求新的成长空间。对于竞争性经济领域要进一步开放，进一步减少竞争壁垒，完善竞争制度。在一些非核心领域要进一步放宽，减少进入市场壁垒。深化国企事业单位改革，缩短投资审核过程，加大反垄断力度，完善反垄断法律法规，进一步激发创新活力。提高资源配置效率，创造更大发展空间。

(2) 广东省要有足够的战略魄力，以大开放促深改革，构建市场化要素价格体系。进一步深化自贸区改革，构建开放发展平台，努力建设成为自由贸易港。在资金、土地、劳动力等关键要素方面，进行改革，使得资源价格能够真实有效地反映市场供给与需求,防止因人为操纵价格而导致资源配置效率低下,阻碍生产力的释放。通过价格的市场化体系改革,逐步淘汰落后产能和低端制造,发力高端制造。

(3) 广东省要进一步简化政府审批流程,完善相应审核制度,缩短审核时间,为企业减负。进一步明确各方责任,确定自身职权范围,推进"放管服"改革,不断优化当地商业环境,减少企业进行经营活动时的贸易成本和政策成本,吸引更多企业落地,提高发展效率和质量。

(4) 强化政府公共职能,建设高质量发展的治理体系。我国目前存在地区发展不平衡,发展导致的生态成本高等问题。广东省要进一步明确政府职责,强化公共服务,健全公共产品和服务的供给体制,使政府公共服务能够均等、公平地给予广大民众。在发展经济的过程中,要重视生态治理和环境保护,完善相关监管措施,减少因经济发展而导致的环境污染。进一步淘汰落后产能,加快供给侧改革。大力引进环保、高端产业,提升经济发展的质量。

5.7.7 加强评估对海洋环境影响

为了加快完善海洋生态环境监测与评价业务体系,为海洋生态文明建设提供更好的监测评价服务,进一步提高海洋生态环境保护中的公共服务和决策水平。要做到以下几点:

1. 要重视新形势下监测评价工作的意义

对海洋生态环境的监测与评价是海洋生态文明建设的重要内容,是保障海洋经济持续稳定健康发展的基础,也是修复受损环境的重要手段之一。长期以来,我国海洋相关部门在海洋生态环境监测评价方面做了许多努力,使我国的海洋生态环境监测评价水平获得长足进步。近年来,国家提出要建设海洋强国,推进生态文明建设。要求全力恢复海洋生态,防止渔业资源衰竭的进一步恶化,保护海洋濒危物种。这要求我们进一步加强对海洋生态环境的监测和评价,提高管理效率和技术水平,充分发挥监管职能,奠定建设海洋生态文明的坚实基础。

2. 总体要求

(1) 总体思路。将海洋生态文明建设作为工作重点,明确权责范围,加强领导能力,充分发挥政府职能部门统筹规划作用,提升海洋生态环境监测评价业务水平。根据监测工作的需要,统筹相关资源,以基层监测机构为基础,完善监测网络,提升监测能力。要完善相关的监察制度和法律法规,为监测工作提供充分的法律依据。优化监测监管流程,提升监督管理效率。充分评估海洋环境承载能力,在建设海洋项目时设置适宜的规模。做好信息公开和意见征集,提升监管工作的信息化水平和技术实力,提高服务效能。

(2) 发展目标。建立中央与地方统筹协调、分工明确、权责分明、资源共享的监测业务体系,大力提升基层检测机构的水平,培养相关人才,优化监管队伍,形成完善的管理制度和考核机制。不断加强监测评价工作的专业化和规范化水平,积极应用新的监测设备和监测手段,提升监测水平,实现我国海洋生态环境监测与评价能力的显著提升。

(3) 完善业务布局。进一步完善国家—省—市—县四级监测评价业务布局。各级机构要明确自身职权范围,分工明确,相互配合。充分发挥各级监测站的基本功能,发挥自身优势。梳理我国目前海洋环境监测评价布局,找到监察相对薄弱的地点,针对性地予以强化。在适宜地点新建海洋站和中心站,完善整个监察评价网络。地方政府要在开发建设海洋项目时,加强环境监察,配套建设监测机构,填补监察漏洞,提高监察评价服务水平。

(4) 提升监测机构能力。加快提升我国海洋环境监测评价能力,制定相应的建设标准和法律法规,提升我国监测评价机构的规范化和标准化水平。通过建设海洋站、中心站和市县级的基层监测机构,完善我国海洋环境监测网络。针对监测机构的不同级别,制定具有针对性的建设标准,使监测评价工作常态化运行。制定针对各类突发状况的应急预案,提高紧急处理水平。目前,我国各级监测机构在对各类有机污染物和重金属等进行分析鉴定方面能力较为薄弱,还不能做到实时在线监测,因此要重点加强。提高我国各级监测机构的建设标准,行使监测评价服务的机构必须通过相关培训和认证。

(5) 培育壮大我国的监测人才队伍。目前,我国的环境监测机构人才不足。要加大教育投入,设置环境监测评价相关学科,培养专业人才。创新人才培养机制,适当引进国外相关人才,优化检测机构人员配置,加强经验交流。编制专业教材和制定标准化培训课程,对各级监测机构人员进行持续且全面的培训,提升人才综合素质和专业能力。

第6章 广东海上风电与海洋牧场融合产业发展分析

6.1 产业发展优势

当前,国家大力支持海洋事业的发展,海洋生产总值稳步上升(图6-1),希望将我国尽快建成海洋强国。一直以来,我国都有规模庞大的海洋产业,但是规模大并不代表实力强。在海洋产业的经济产出和发展质量方面,我国与国外发达国家相比仍存在着一定的差距。而发展海洋牧场产业,并将其与海上风电结合起来,是我国海洋产业转型升级的重要一环。不仅可以提高我国高端制造的实力,增加海洋渔业的经济产出,还能缓解我国的能源压力,保障我国的能源安全。

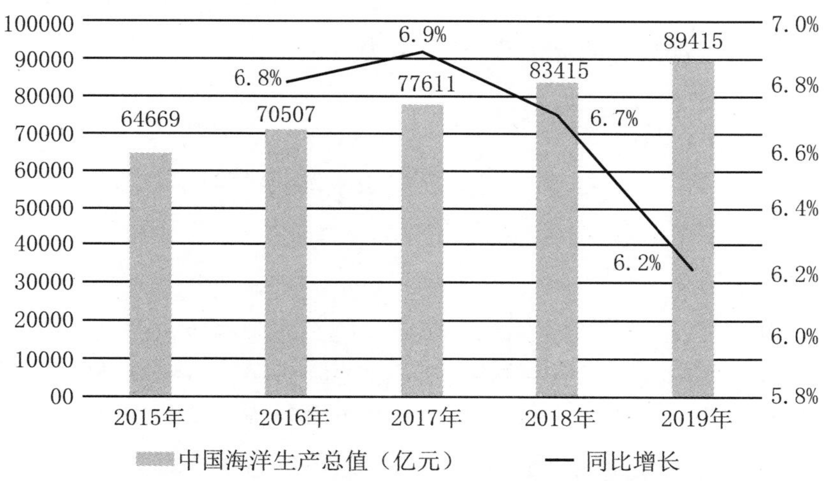

图6-1 2015～2019年中国海洋生产总值变化情况

广东省海岸线全长4114千米,位列全国第一,海域面积达41.93万平方千米,居全国第二。如此辽阔的海域蕴藏着十分丰富的风能资源和渔业资源。数据显示，广东省沿海海面100米高度层年平均风速可达7米/秒以上，并呈现东部高、西部低的分布规律。在粤东海域，年平均风速可达到8～9米/秒或以上。全省有效风力出现时间百分率可达82%～93%，可利用有效风速小时数较高。全省近海海域风能资源理论总储量约为1亿千瓦，是国内海上风能资源最丰富的三大地区之一。此外，广东省的海洋渔业资源丰富，具有多种类型的海洋生态系统，有200多种具有经济价值的鱼类品种，各种水生动植物总数超过2万种。

相较于福建、江苏和上海，广东省的海上风电产业起步并不算早。直至2016年，广东省首个海上风电示范项目——珠海桂山海上风电项目12万千瓦才获核准开工建设，随后便开始进入高速增长期。目前，广东省拟建和在建的风电项目分布在珠海、汕尾、汕头、揭阳、惠州、阳江和湛江等地市，重点建设项目近20项。经过这些年的发展，省内已经初步建立起围绕海上风电装备制造、建设和运维的全产业链条。

与海上风电产业的起步较晚不同，广东省早在20世纪80年代就开始了以人工鱼礁为基础的海洋牧场建设，是全国第一批建设海洋牧场的省份，最早开展人工鱼礁投放试点的城市遍及省内沿海地市，包括深圳、湛江、惠州等。截至2020年10月，广东一共有14个国家级海洋牧场示范区，数量占全国总量的13%，位居前列。

在这一背景下，广东省进行海上风电和海洋牧场融合发展无论在自然资源还是技术储备上都具有明显优势，开发潜力巨大。

6.2 项目建设状况

2021年1月，位于广东省阳江市阳西县的三峡阳西沙扒海上风电项目一期已完成48台风机安装、23台风机并网。以“海上风电＋海洋牧场”为特色的国家级海洋牧场示范区建设持续推进，三峡阳西沙扒海上风电项目近海浅水沙扒一至五期已全面铺开建设。至同年6月，该风电项目融合海域国家级海洋牧场示范区建设迈出重要一步，阳江海纳水产有限公司、三峡新能源阳江发电有限公司、中国水产科学研究院南海研究所签订“海上风电＋海洋牧场”战略合作协议，合计投资6.2亿元，将其打造成全国最大的海上风电和海洋牧场融合建设项目，总面积达497.3平方千米。开发建设内容包括人工鱼礁投放、海洋生物增殖放流、现代装备建设与休闲渔业开发等四个方面，突出海洋生态修复和渔业资源保护功能，实现清洁能源和优质渔业资源双产出。未来，将进一步突出地方特色，加强品牌化、信息化和现代化，实现海上风电和海洋牧场的创新融合。为我国清洁能源产业和现代渔业的跨界融合探索出一套创新方案。

未来，广东省将进一步加快探索，将珠海市万山海洋开发试验区和桂山海上风电场作为海上风电和海洋牧场创新融合的示范点也已经提上了日程，重点与休闲渔业和海上观光结合起来，探索更多产业融合的可能性。

6.3 产业发展现状

海上风电产业体系主要包括海上风电装备制造、施工建设、运维服务、风电并网及电网运行等。广东省海上风电产业较晚，产业链条中还存在着许多的薄弱环节。目前在装备制造和资源勘探方面有一定的经验，其他部分还有待加强实力。

1. 海上风电装备制造

海上风电装备主要包括海上风电机组装备、电气装备、施工装备和一些特种装备，主要环节包括主机制造、叶片制造、齿轮箱制造、电力设备制造和大型钢构等。目前广东省在海上风电主机制造方面只有少数几家有实力的企业，如顺特电气和明阳智能等。在技术方面与国外先进水平相比还存在一定的差距。而在叶片制造方面，目前省内只有明阳智能有能力生产，且尚未形成规模。在电力设备制造方面，除了风电变压器外，其他部分都缺乏专业的生产企业。在大型钢构方面，广东省内同样没有形成规模化的相关企业。

2. 海上风电施工

在海上风电施工方面，目前广东省内的中交四航局和广州打捞局的相关经验比较丰富，技术比较成熟。海上风电施工专用船舶方面，广东省的华尔辰和广东精铟海洋拥有专用船只。整体而言，广东省这方面的资源整合较弱，亟需进一步打通链条，形成联动效应。

3. 海上风电站运维

海上风电站运维是指对风电机组及相关配套设施进行定期维护和故障检修，以保证其稳定安全运行。由于广东省海上风电产业起步较晚，目前省内还缺乏完全并网并整体规模化运维的海上风电项目，因此海上运维市场还处于起步阶段，缺乏相关经验。

4. 海上风电专业服务业

海上风电专业服务主要包括科技研发、勘察设计和咨询、检测认证、融资租赁和保险等。

目前，广东省在海上风电勘察设计和咨询方面基础较好，广东省电力设计研究院在这方面具有很强的实力和丰富的经验。而在海洋地质勘探方面，广州地质调查局和南海调查技术中心具有较强实力。在海上风电技术研发、融资租赁和监测认证等方面则有待加强。

相对于海上风电，广东省在海洋牧场方面的发展更为成熟。目前省内已有14个国家级海洋牧场示范区，位居全国前列。而在模式创新方面，广东省也有许多优秀案例，如全国首个以珊瑚礁生态养护为主的海洋牧场——深圳市大鹏湾海域。通过修复珊瑚礁以及珊瑚种植，极大地改善了当地海域的生态环境，再通过增殖放流，扩大该海域的渔业资源，从而在保护海洋生态的同时增加了渔业经济产出。此外，该海洋牧场在休闲、文化和金融方面也在进一步建设，致力于将其打造成为海洋牧场生态产业示范基地。惠州小星山海域国家级海洋牧场示范区则是着力于与生态旅游相结合，将养殖、旅游和科普教育结合起来，打造现代田园渔业，成为特色发展的优秀案例。

总体而言，当前广东省在海上风电和海洋牧场方面的发展经验和技术实力方面并不同步，存在着许多的薄弱环节需要尽快补齐，才能更好地将二者结合，实现更好的发展。

6.4 产业存在问题

当前，广东省海上风电和海洋牧场在融合发展方面还存在着许多问题亟待解决。

虽然广东省有陆上发电的一些技术基础，然而将其应用于海洋并不能完全套用。海上风电站需要在海底铺设大量的海底电缆，这就要求我们要有高超的技术。在建设海上风电机组基础时，还要考虑到海上强风的载荷、海水的腐蚀性和波浪的冲击力度等影响因素。在电力传输方面，对电缆的防水、防腐、抗压和绝缘性能等方面也提出了更高的要求，这就大大地增加了技术成本。其次，在海洋底部设置大规模的电缆装置，很可能会阻碍其他海上活动的正常展开，如捕捞、航运、军事训练等活动。

随着近年来广东省政策加大对海上风电站建设的激励，导致许多投资商人盲目跟风参与投资，使得市场竞争加剧。此外，由于相关监督管理制度还不够完善，因此整个行业内企业技术水平参差不齐，造成质量低下、重复投资开发和产能过剩等问题。

而在海洋牧场与海上风电融合发展方面，广东省经验也比较缺乏，相关研究水平与国外先进水平相比较为落后。这也给广东省进一步扩大产业融合发展的规模造成了障碍。必须进一步加快研究，建立规划科学、管理规范的海洋牧场和海上风电融合发展示范基地，并且充分评估项目的经济效益和环境效益，填补技术和经验空白，为产业融合发展扫清技术障碍。

6.5 产业发展思路

广东省具有全国近1/4的陆地海岸线，海洋资源得天独厚，拥有巨大的发展潜力。应该充分发掘自身优势，加快探索海上风电和海洋牧场的融合发展模式，将广东省建设成为二者融合发展的产业基地，带动全国海上风电和海洋牧场产业的进一步发展。

近年来国家一直致力于发展可再生能源，扩大清洁能源占比。同时也十分重视海洋产业的发展。广东省拥有广州和深圳两大超一线城市，在创新应用和高端制造方面拥有良好的基础，人才储备也十分充足。应该进一步加大政策导向，聚集优势资源，集中力量对海上风电和海洋牧场融合发展中存在的核心问题和关键障碍进行集中攻关，解决产业化问题，从而实现转型升级。

实现海上风电和海洋牧场融合发展，不仅可以促进能源结构转换，提高经济发展质量,还能改善海洋环境,保护海洋资源。因此,未来要积极探索海洋资源的创新开发模式,使海洋经济向集约化、专业化、绿色化转变,实现经济效益和环境效益的双丰收。

6.6 产业发展路径

依据海洋牧场与海上风电自身特点和产业发展现状,目前有三种可行的融合方式和融合理念(图6-2)。

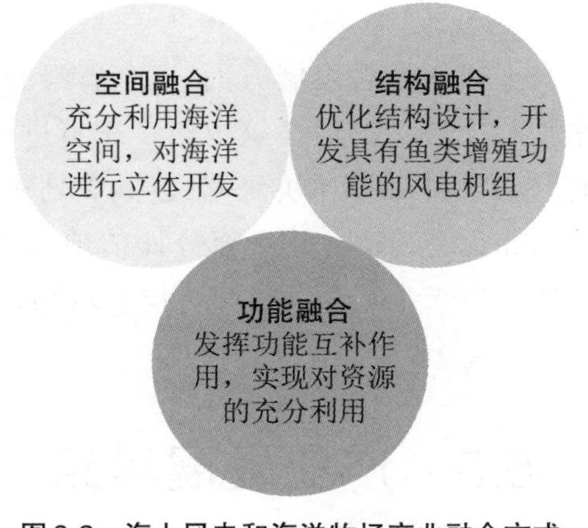

图6-2 海上风电和海洋牧场产业融合方式

(1) 空间融合。充分利用海洋空间,对海洋进行立体开发,提高资源利用率。譬如利用海面上丰富的风能资源进行发电,利用水下的生物资源进行鱼类养殖,达到"水下养鱼,水上发电"的空间格局。同时要充分利用海上风电机组稳固的平台,将海洋牧场的平台、养殖网箱、休闲观光平台、藻类和贝类的筏架等依托海上风电机组的平台进行搭建,海上风力发电后又可以保障海洋牧场的相关设施的正常运转,在提高经济效益的同时,也解决了海洋牧场过去用电难的问题。

(2) 结构融合。优化海上风电机组结构设计,开发出具有鱼类增殖功能的风电机组。将人工鱼礁与平台基座结合在一起,通过多层礁体的堆叠,提高海底的空间利用率,并进一步稳固发电平台,提高区域生产力。达到修复生态环境,提高渔业资源量的目的。开发适应于不同海域特点的人工鱼礁,在海底可以养殖一些底栖类的珍贵海产品，人工鱼礁中则可养殖一些恋礁性鱼类，在提高经济效益的同时，也可以保护当地物种正常生存繁衍。不仅提高了渔业经济产值，还产出了清洁能源。

(3) 功能融合。由于渔业一般在春、夏、秋三季生产力最高，而风力发电的高峰期则在冬天。二者存在着功能上的互补作用。在渔业生产力高峰期时，海上风力发电机组可以优先保障海洋牧场相关设施的用电需求，保障海洋牧场中饲料投喂装置、供氧系统和捕捞装备的正常运转，提高海洋牧场的生产效率。而到了冬季，则可将富余的电力输送到电网中，缓解冬季时当地因供暖而导致的用电紧张，保障当地居民的生产生活，实现充分利用资源的目的。

6.7 发展政策建议

为了使海洋牧场和海上风电融合得更加紧密，必须要对目前的海上风电机组和海洋牧场平台进行进一步的设计优化，使其更为匹配。同时还要研究出合理的施工技术和步骤，搭建配套设施和建设平台，提高建设效率，并形成一套完善的海上风电平台对海洋牧场中生物生理行为影响的评估体系，以便优化融合模式和运营方式。具体工作如下：

(1) 融合布局的设计。对海上风电机组所在海域进行充分的调查与评估，了解其环境特点和资源状况，同时对海上发电站的平台承载力进行充分评估，试验不同人工鱼礁材料对机组平台稳定性的影响，完善二者的融合方式，建立海上风电机组和海洋牧场的融合布局适宜性评估体系。因地制宜，根据不同的海域环境选择适宜的施工建设方式，及时调整布局设计。

(2) 要注重对环境的友好度。综合评估海上风电站在建设和运营过程中产生的噪声和污染对牧场中生物的影响，找到在建设和运营过程中产生污染的源头。同时要注意污染控制，防止对牧场中的生物造成毒害作用，通过科学技术进步将这些不良影响降到最低。在设计和建造海上风电机组的时候，要充分考虑其长期稳定性，从而减少维护频率。

(3) 要注重海上风电机组的增殖效果。探索不同融合布局对于渔业生产率的影响，找到最佳结合方式。开发出对环境友好的风电机组结构防腐技术，同时要提高平台的防锈性能，降低维护频率，从而减少对牧场中生物的影响。充分评估风电机组平台对于各种类型的海洋经济动物生理行为的影响，找到适合经济动物生存繁衍的融合构型，开发出具有渔业资源增殖功能的海上风电机组。

6.8 未来发展规划

广东海上风电与海洋牧场融合产业的未来发展规划包括：

(1) 坚持生态优先，构建海洋牧场与海上风电融合发展技术体系。

在远离生态保护区的海域建设海洋牧场和海上风电站融合发展试点。要将生态保护放在第一位，优化融合布局，为海洋生物的生存和繁衍提供良好的环境。要加大研发投入，研制出效率更高，环境更友好的海上风电发电机组。相关部门完善相关产业政策和法律法规，积极引导和监督行业的有序发展。推动产业融合，加快科研成果应用转化，培养行业人才，形成完善产业链条，为产业长远发展提供坚实的基础。

(2) 科学合理布局，完善海洋牧场与海上风电融合发展监测体系。

积极吸取国内外相关产业融合经验，并结合广东省特点，科学选择适合融合发展的海域，扬长避短，发展出具有当地特色的产业融合模式。完善各项指标的监测能力，建立海洋生态环境和海洋资源的实时监控系统，汇总为资料库，通过多样化的监测手段，提高数据的准确度，为科学评价海上风电站运行过程中的环境影响提供可靠的数据支持。提高对于各种突发情况的应对措施，完善处理预案，保证融合平台的长久稳定运行。

(3) 完善法律法规，建立健全风险预警系统与应急预案管理体系。

在海洋牧场和海上发电站融合发展的过程中，一定要有规可依，违法必究，划定生态红线，确定开发边界。同时要划分清楚政府、企业、科研院所和渔民之间的责任，并制定考核标准，保证行业的健康发展。完善海上风电机组建设和运营过程中的环境影响评价体系，对相关数据进行实时监测。制定完善的风险预警系统和应急处理预案，一旦发现突发状况或违法行为，及时处置，保障融合平台的稳定运行。统筹协调好各方资源，针对性投入，加快产业的发展。

第7章　海上风电与海洋牧场融合产业运维市场发展分析

7.1　2018～2020年我国风电与海洋牧场融合运维市场发展

7.1.1　市场发展现状

过去数年,我国风电市场处于高速发展的黄金阶段。装机容量不断攀升,市场规模不断扩大。在这一背景下,为了保障风电机组的稳定运行,必然会催生出风电运维服务需求。目前风电运维服务主要包括力矩维护、日常清洁、巡检等日常维护事项。

当前,我国海上风电运维市场处于相对落后状态,主要存在着以下几个问题:

(1) 机组故障率高,维修工作量大。

我国早期建设的海上风电站由于技术和经验都不足,因此存在着许多不完善的地方。当时使用的大多数国产机组都是由陆上风电机组适海性改造而成,并未完全按照海洋使用环境特点原生开发,因此这些不完善、技术水平落后的风电机组在环境恶劣的海上环境中故障频发,需要经常维护。

(2) 海上环境恶劣多变,海上维护作业困难。

在海上进行运维作业不仅受潮汐的影响,而且还受到经常发生的大风、大雾和雷雨天气的影响。因此,在海上进行设备维护的有效时间十分有限,作业人员的安全也得不到足够的保障。此外,某些近岸海上风电场由于水浅,制约了大型作业船只的通行。目前,海上风电运维基本照搬陆上风电经验,定期检修为主、故障检修为辅的运维模式。对机组定期维护可以基本保证海上风电设备的稳定运行,但是弊端也十分明显。主要是定期维护针对性低,维修周期长,且耗费大量人力物力,导致成本居高不下。

(3) 我国海上风电运维船数量缺乏。

海上风电运维过程中,运维船是不可或缺的工具之一,是海上风电场施工、运行和维护的重要交通运维工具。数据显示,每台海上风电机组平均每年有高达40次停机故障,整体故障率约3%,大约每30台海上风机就需要1艘专业的运维船。随着我国海上风电市场不断扩大,对专业运维船的需求也快速增长。目前国内的运维船大多以改装渔船与交通船为主,安全性、速度、装卸载能力等相对于专业运维船来说差距明显。专业的运维船只数量还很少,远远无法满足运维市场需要。

(4) 恶性竞争降低企业利润水平。

当初由于政府补贴和激励措施,大量的企业涌入到海上风电市场,由此带来的爆发性增长也为后续的运维服务创造了极大的增长空间。在这一背景下,许多资金少、实力弱、技术水平低的企业也加入到运维服务行列,因此整个运维市场鱼龙混杂。招投标价格背离正常范围,部分甚至陷入价格战,无序的竞争对市场秩序造成了严重冲击。

(5) 运维相关人才流失大。

为了获得最大的风能利用率,降低环境影响,许多海上风电站都建在偏远海域。海上环境恶劣,对海上设施设备进行维护的安全风险高,工作强度大,工资水平偏低。这些因素都极大地降低了风电运维从业人员的留存率,许多技术人员都坚持不下去,选择调去其他岗位,或干脆直接转行。有经验的技术人员的大量离去,导致了人才的断代,对海上运维市场的长远健康发展十分不利。

7.1.2 市场参与主体

长久以来,社会对海洋牧场的了解并不充分。这是由于海洋牧场具有较强的开放性,没有一个明确的边界,因此,其不像鱼塘、网箱养殖那样直观。人们很难实时了解海洋牧场的实际状况,获得全面的认识。因此在建设海洋牧场时,可以考虑将其与互联网结合,通过建设高覆盖率的海洋牧场观测网,利用无线网络实时传输数据到陆上中心,实现对海洋牧场全域的可视、可测、可控。降低海洋牧场管理和维护的成本,有利于及时处理突发状况,保障海洋牧场的稳定运营。

(1) 实现对海洋牧场可视。通过在海洋牧场中建设多个观测平台、观测站点和布置专门的观测设备,实现对海洋牧场的全覆盖可视化观测。视频数据通过无线网络传输,实时展示海洋牧场的实际状况、环境状态、养殖形式和产品,全面展示现代化海洋牧场,推广海洋科技文化知识,增强社会的海洋意识。

(2) 实现对海洋牧场可测。通过在海洋牧场中布置专业的监测设备,对海洋牧场中的水质、水温、溶氧量和生物资源量等各项指标进行实时监测。通过数据分析,了解目前海洋牧场的运营状况,掌握各种养殖鱼类的生长状态,及时调整养殖方式,为科学养殖提供可靠的数据支持。

(3) 实现对海洋牧场可控。提高海洋牧场的经营管理水平。通过对海洋牧场的多种监测手段,实时传输视频数据给陆上管理中心进行分析。及时发现海洋牧场中出现的突发状况,如溶氧量降低、恶劣天气、赤潮等,尽早处理,将损失降到最小。提高海洋牧场的预报减灾能力。

7.1.3 未来发展空间

当前,我国已经成为全球第一大的海上风电市场,并且仍处于高速增长阶段。在国内也建成了上百个海洋牧场示范区,目前数量仍在快速增加中。可以预见的是,未来海上风电与海洋牧场融合运维市场规模巨大,前景广阔。

国内海上风电和海洋牧场的相关运维企业应该进一步强化自身实力,补足自身发展短板,从而更好地参与市场竞争。未来海上风电和海洋牧场的融合模式将会越发成熟,相关运维企业也应该积极探索自身的融合运维的发展模式,适应融合发展的新特点。可以通过拓宽服务范围,或者企业间的合作或收购、并购等途径,将自身服务范围囊括海上风电和海洋牧场二者,为我国海上风电和海洋牧场的融合发展提供有力的配套服务支持。

7.2 2018～2020年我国风电与海洋牧场融合运维状况

7.2.1 海上风电与海洋牧场融合运维现状

我国拥有丰富的海上风能资源，开发潜力巨大。海上风电具有诸多优势，如不占用土地、适合大规模开发、对环境污染小等。发展海上风电产业，不仅可以缓解全球气候变暖，促进经济转型升级，还能发展高端制造产业，因此成为世界各国研究的热点。目前，全球风电市场规模不断突破新高，累计装机容量持续增加，预计到2040年，全球海上风电装机容量将增长15倍，我国的装机总容量将达到100吉瓦。目前，我国有不少的海上风电场已建成运行，运转状况良好。然而，可以预见，随着时间的推移，海上风电场将面临机组维护的问题，这引起了许多专家学者的注意。

7.2.2 海上风电与海洋牧场融合运维态势

以广东省为例，该省政府制定了《广东省海上风电发展规划（2017～2030年）》，计划到2030年底，建成投产海上风电装机容量约3000万千瓦，形成整机制造、关键零部件生产、海工施工及相关服务业协调发展的海上风电产业体系，海上风电设备研发、制造和服务水平达到国际领先水平，广东省海上风电产业成为国际竞争力强的优势产业之一。

中国科学院的研究员岳维忠博士是广东省海上风电项目环境影响评价工作负责人之一。其通过大量研究国内外海上风电场运营状况，发现海上风电机组桩基存在鱼类聚集现象。因此其大胆建议广东省在建设海上风电场时，可以将海洋牧场结合进去，大量投放人工渔礁，从而达到鱼类增殖和能源产出双重效益。通过科学论证，广东省开启了海上风电和海洋牧场融合模式的研究，未来将建设一批融合发展示范项目进一步验证。

7.2.3 运维市场竞争格局

在探索海洋牧场和海上风电的融合模式上我国相对滞后，缺乏相关经验。然而国外很早就开始了这方面的研究。由于欧洲地区缺乏传统能源，因此其在新能源开发上走在了世界前列，海上风电凭借其诸多优势，成为了其中的发展热点之一。岳维忠博士通过查阅国外资料，发现法国一些正在运行中的海上风电机组的桩基下聚集了许多经济鱼类，表现出不错的鱼类聚集效果。进一步深入研究发现，海上风电机组平台的底柱可以发挥与人工渔礁相似的鱼类聚集功能，并且其效果已经得到了验证。由于海上风电场的水力、吸附解析、氧化还原、浮游植物消耗量等物理、化学、生物过程等因素对海水水质因子，尤其是营养盐的分布特征造成影响。当水流通过桩基和半潜式平台时，迎流面产生上升流，底层营养盐与表层海水充分交换，从而使水体与底泥表面的水体发生充分的交换，提高水体中的营养物质，帮助各种浮游生物生长，提高海洋的初级生产力，从而吸引大量的鱼类和其他海洋生物聚集，形成一个复杂的生物链条。

专家指出，海水表面的逆流很容易产生逆流漩涡，大多数鱼类更喜欢生活在缓慢移动的漩涡区域，而且会避免强烈的水流。涡流可以促进各种海洋生物的聚集，因此，海上风电机组可以起到人工鱼礁的集鱼功能，为许多贝类和珍贵鱼类提供良好的栖息地和繁殖场所。

7.2.4 海上风电与海洋牧场融合运维难点

海上风电与海洋牧场的融合前景巨大。依托海上风电机组稳固的平台，可以发展休闲垂钓、观光旅游和海上救援等诸多产业，吸引更多资金的投入，带动相关产业发展，形成产业集群。另外，也可以进一步提高海洋环境实时监测能力，提高紧急情况处置效率，保障我国海洋安全。在发展配套产业时，必须因地制宜。例如广东省的极端天气频发，因此在海上风电机组平台上发展观光旅游业具有一定的安全隐患，可以考虑集中发挥海上救援和环境监测等作用。在发展海上风电产业和建设海洋牧场时，不能一味地追求经济效益最大化，一定要充分考虑环境保护问题，在建设、运营和后期维护过程中，使其对环境的影响降到最低。充分考虑环境承载力，控制开发建设规模。加大生态修复力度，保护海洋生境，为海上风电和海洋牧场的可持续发展奠定坚实的基础。

7.2.5 海上风电与海洋牧场融合运维策略

由于我国海上风电和海洋牧场融合发展的经验十分欠缺,因此在发展过程中要按照循序渐进的路线。先在资源环境较为优越,适宜发展的海域建设小批量的融合发展示范项目,掌握融合结构设计、建设、运营和后期维护等相关技术,充分评估融合发展带来的经济、社会和环境效益,及时调整发展模式。在示范区内要大胆试错,按照海域资源特点和当地气候条件等综合考虑,结合发展休闲垂钓、旅游观光等产业,扩大融合范围。届时,融合项目的建成规模将会很大,这有利于形成一个丰富的生态系统和完整的生物链条,形成系统内部的能量循环和物质流动,提高该海域抵御外界不良因素的能力。应建设专门的运维机构,对整个融合项目进行统一监测、管理和维护,提高运营效率。

海上风电与海洋牧场融合发展能够带来巨大的经济效益和环境效益。在进行研究论证时,各类环境相关的科研院所相对来说会更注重项目的社会效益和环境效益,企业则更关注项目的经济效益和投资回报。所以,地方政府要充分发挥其统筹规划的作用,集中各类研究资源、技术力量和社会资本,平衡好融合发展过程中的经济、社会和环境效益。

目前,海洋牧场项目管理属于省农业农村厅,海上风电海域的审批权限在省自然资源厅,最终能否实施取决于省生态环境厅的评估结果。地方政府要进一步梳理各部门的权责分配,明确各方责任,简化审批流程,提高服务效率,为海上风电和海洋牧场的融合发展提供良好的政策环境。

7.3 我国深远海域风电运维发展现状分析

7.3.1 运维需求现状

发展海上风电和海洋牧场产业是我国发展海洋经济的重要环节,为推动我国现代化新型渔业和能源结构优化具有重要意义。二者融合发展前景良好,效益显著。风电产业已经被列为国家战略新兴产业之一,国家出台了大量激励政策促进产业的发展。同时,市场需求也十分强劲。因此我国海上风电产业迎来快速发展机遇。通过十余年的大力投入和政策引导,目前我国已成为全球最大的海上风电市场,产业发展态势良好,未来有望进一步扩大优势。

随着我国海上风电产业规模不断扩大,许多风电机组已经投入运行。由于海上风电机组的建造成本相对较高,因此,如何保证海上风电机组在运行过程中始终保持最佳发电效率十分重要,直接关系到海上风电的发电成本。因此,海上风电机组不仅要有结实的结构质量和良好的抗风浪、抗腐蚀能力,还要在其运转寿命周期内提供良好的管理、维护服务。

这催生了我国海上风电运维产业,并且需求很大。据了解目前风电运维产业链主要包括各种风电设备、零部件供应商,安装建设企业和运营维护企业等。

7.3.2 运维成本分析

目前,我国已经承诺2030年前碳达峰,争取2060年前实现碳中和。在这一背景下,我国风电产业进入黄金发展时期。

我国当前风电运维市场发展还不够成熟,仍存在许多问题(图7-1)。值得注意的是,由于建造和维护投入较大,目前海上风电的发电成本相对较高,面临进一步降低成本的压力。这不仅要求我们进一步加强海上风电机组的结构强度和防腐防锈性能,降低维护频率,还要提供良好的运营、维护服务,保证各风电机组始终处于最佳发电状态。

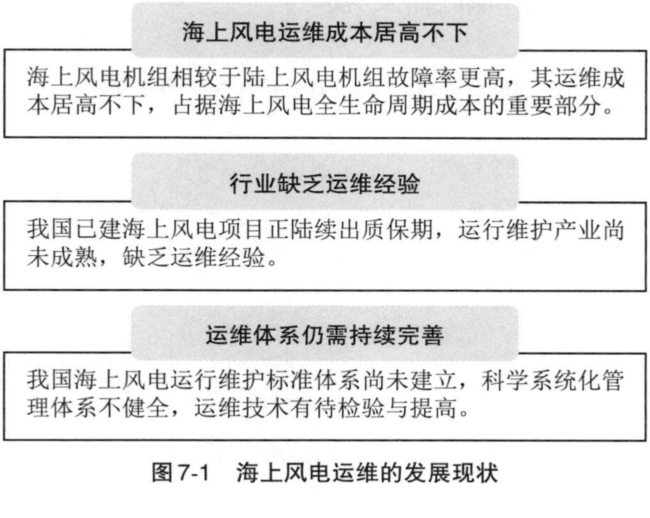

海上风电运维成本居高不下

海上风电机组相较于陆上风电机组故障率更高，其运维成本居高不下，占据海上风电全生命周期成本的重要部分。

行业缺乏运维经验

我国已建海上风电项目正陆续出质保期，运行维护产业尚未成熟，缺乏运维经验。

运维体系仍需持续完善

我国海上风电运行维护标准体系尚未建立，科学系统化管理体系不健全，运维技术有待检验与提高。

图7-1 海上风电运维的发展现状

当前,我国尚未形成规范的风电运维市场,运维服务企业和相关人员的准入资质考核缺乏,因此整体素质没有保障。目前我国风电运维服务提供商主要分为三类:由开发商组建的运维团队、由设备提供商组建的运维公司以及独立运维商。运维产业链的上游主要是风电场开发商和整机制造商,中游主要是各类风电运维服务企业,下游主要是风电业主单位(图7-2)。

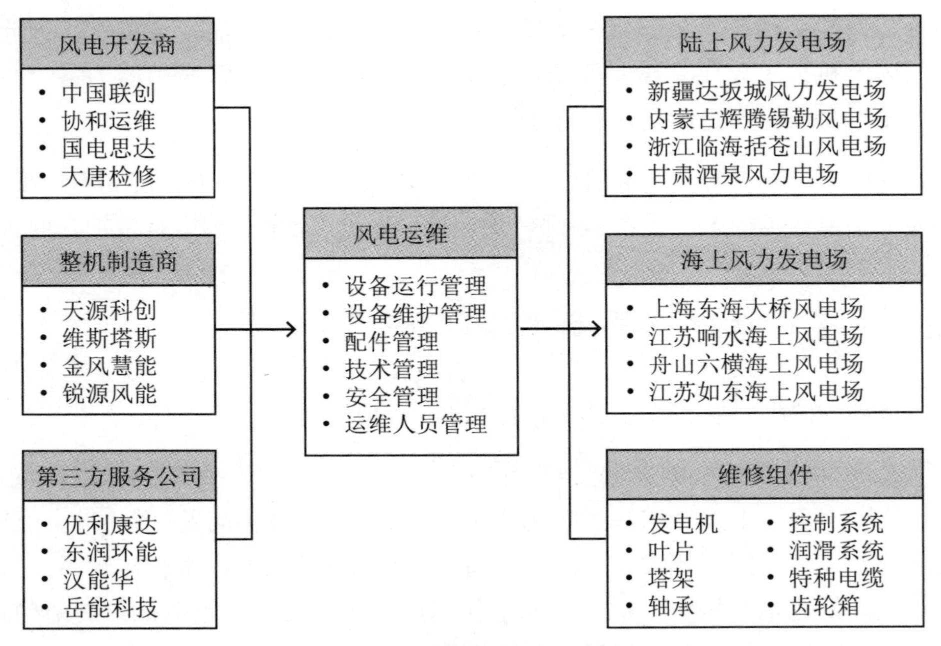

图7-2　风电运维产业全景图

7.3.3　“四化”体系发展

目前我国的风电运维模式大致分为以下几类(图7-3):

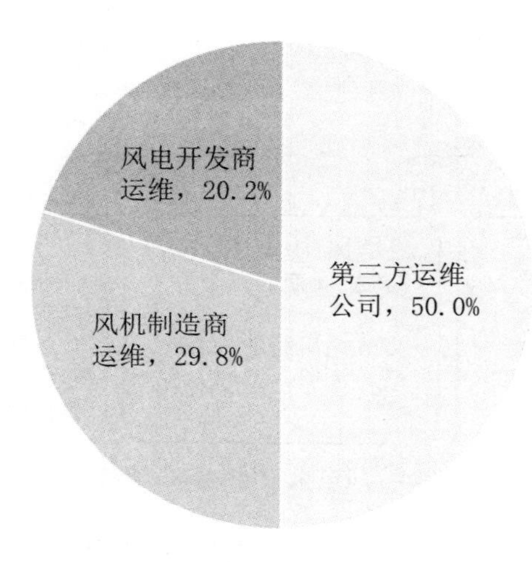

图7-3 风电运维模式及市场份额

(1) 风电开发商组建的运维团队。职责是保证质保期后风电机组的正常运行。该运维模式又可细分为两种:一种是由开发商招聘专门的运维人员进行维护工作,另一种是由开发商组建的运维公司进行维护工作。这一运维模式的好处在于开发商对风电机组的结构和建设过程十分熟悉,因此运营和维护起来更为便利,另外也给开发商提供了持续的收入。但是,由于这种运维模式不够独立和专门化,服务质量一般不够稳定,运维人员素质参差不齐,安全风险较高。

(2) 委托风机制造商运维。一般由风电开发商委托风电整机设备制造商负责风电场的运营和维护。由于风电整机设备制造商的技术实力强,因此可以很好地保障风电机组的正常运行。但这种运维模式一般来说费用较高,且由于技术保密性,不利于开发商顺利掌握运维技术,从而对整机设备制造商形成依赖性。

(3) 由第三方运维公司负责。即开发商与专业运维公司签订合同,负责风电机组的运营和维护工作。这种运维模式一般费用较低,实施专业化管理有利于风电场运营。但因第三方运维公司对风电机组的技术细节和建设模式了解不足,因此,当发生突发故障时,往往无法独立修复。

目前,某些国内某些有实力的运维公司已经制定了相应的检修标准。以龙源电力公司为例,其一般维护的标准流程分为三级:一级维护的时间周期为6个月,主要以风电机组的润滑、清洁和功能测试为主;二级维护的时间周期为12个月,主要对风电机组进行检查、调整、紧固等工作;三级维护的时间周期为

36个月，主要工作为全面更换和修复风电机组的损坏部件，保障风电机组的运行状况(图7-4)。

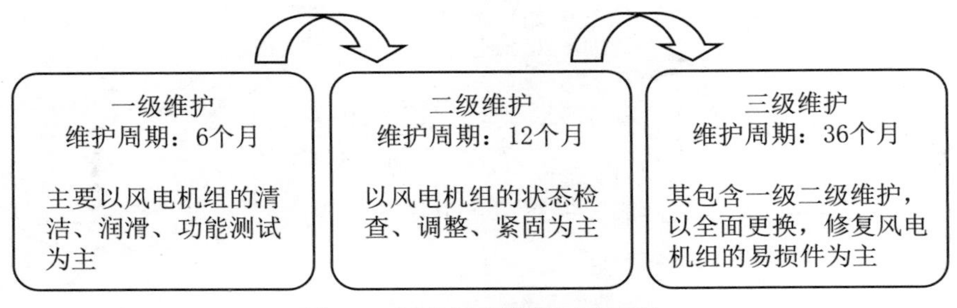

图7-4　风电机组维护标准流程

风电运维的主要工作内容有：安全、技术、设备和运维人员管理等四方面。而设备管理又可细分为设备运行管理和设备维护管理。设备运行管理主要包括日常维护、定期检修。设备维护管理则主要包括故障排查和升级改装等。

7.3.4　运维前景分析

根据统计数据显示，到2019年底，我国风电机组装机总容量已达到2.1亿千瓦。其中已持续运行发电5年以上的风电机组总容量达到9686万千瓦，占总装机容量的46.1%。专家预计到2022年底，我国风电装机总容量将超过2.88亿千瓦，其中已运行超过5年的风电机组总容量达到1.64亿千瓦，占总装机容量的58.3%。这表明，我国海上风电产业有着巨大的运维服务需求。

当前，我国风电运维市场规模正在快速扩大(图7-5)。有专家对我国未来几年风电运维服务市场容量进行了仔细测算，2020～2022年的三年间，我国风电运维市场预计容量分别为294亿、324亿和356亿元，增速很大，增长空间巨大。进一步提高我国风电运维服务的技术水平和服务质量，对于保障我国风电站长期平稳运行具有重要意义。

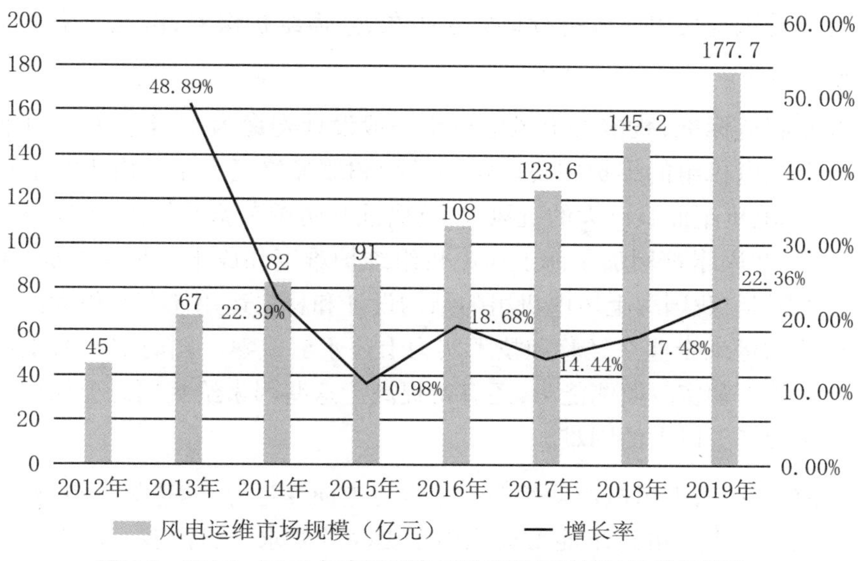

图7-5 2012～2019年中国风电运维市场规模统计及增长情况

7.4 我国海上风电运维未来发展新契机

7.4.1 智慧运维市场潜力大

经过数十年的努力，我国风电产业已具有相当规模，在全国建成大量风电机组。这些风电机组的稳定运行为我国提供了巨大的经济、社会和环境效益。然而随着运行时间的增加，风电机组设备的老化和零件的损坏问题在所难免，因此催生了我国巨大的风电运维市场。据《中国风电后市场发展报告》显示，从2019年开始，我国风电运维市场规模在快速扩大，市场需求也不断增长。因此必须要进一步规范我国风电运维企业的发展，为风电产业的健康发展保驾护航。

海上风电的经济、社会、环境效益都十分突出，未来增长空间巨大，行业前景持续向好。统计数据显示，到2021年12月，我国海上风电机组装机总容量已经达到14.8吉瓦，在建的海上风电项目为32个，总装机容量超10690.75兆瓦。这进一步推动了我国风电运维市场的发展。特别是随着时间的发展，许多较早建成的风电机组已经持续运转了很久,急需维护保养,由此带来了巨大的风电运维需求。

按照制造标准,我国海上风电机组一般设计寿命为25年左右。目前我国对于海上风电机组的维护主要以定期维护和故障修复为主。由于海上环境恶劣,海上风电机组面临巨大的抗风浪、抗腐蚀和防锈考验,同时海上风电机组离岸较远,这些因素都增加了海上风电机组维护难度和成本。另一方面,由于目前的技术限制,我国海上风电机组的结构设计和材料运用还存在极大的进步空间。相关的运维企业在经验和技术实力上还不够成熟。同时对于海上风电机组的故障排查和实时监测能力,还有待提高。这些因素给我国海上风电运维产业的发展带来了巨大的困难。

当前,我国海上风电产业逐渐由近浅海走向深远海,建造规模也越来越大,这对于我国海上风电运维能力也提出了更高的要求。目前我国海上运维产业主要面临两个困境:一是风电机组的故障率过高,维修的工作量巨大。由于初期的技术限制,我国最早建设的一批海上风电机组主要是由传统的陆上风电机组改造而成的,因此其结构设计和材料运用方面很多都不适应于海上环境。同时,由于制造经验缺乏,所以存在许多缺陷。这样的设备在面对恶劣复杂的海上环境时,极易出现故障,因此维护十分频繁。二是海上环境恶劣,天气多变,所以对海上风电机组进行维护工作极易受到天气状况的影响,海上维护工作的有效时间十分短暂。同时海上通信不便,施工也十分困难。这些都极大地增加了海上风电设备的维护成本。

随着我国对风电产业的财政补贴逐渐退坡,业界对于海上风电的发电成本也越发敏感。如何降低海上风电的发电成本,提高经济收益,成为各方关注的重点之一。因此,可以预见的是,我国海上风电运维市场格局将会迎来巨大的改变。专家预计,未来海上风电运维服务商主要以主机厂商为主。这意味着各方必须要不断提高风电设备结构质量,提高发电效率,降低运维成本,才能够具有足够的竞争力。如今,业内有实力的整机制造商已经率先行动。如远景能源计划将物联网设备应用到风电维修服务中,提高实时监测能力,减少设备检修的工作量。金风科技基于物联网打造的智慧风电场运营管理平台(SOAM),在设备健康管理和功率预测等方面具有明显的优势,率先将数字化技术运用到风电运维方面。

随着我国海上风电运维需求不断增大,我国海上运维市场也会不断发展。通过运维模式和技术实力的不断提高,运维成本将会逐渐下降,这对于降低海上风电的发电成本,增加经济效益具有重大意义。

将来海上风电产业将会构建一套成熟的机组设备长期维护解决方案。不仅在设备质保期内保证其正常运行,同时还要通过技术进步和结构优化不断提高设备的可靠性,降低维护频率和维修成本。如何使海上风电机组更适应深海和远海的环境,将会成为接下来的发展重点。

未来,海上风电运维企业要研发出更多专业化和智能化的运维设备,创新运维模式,如利用无人机对机组进行远程检查和测试,建造专业化的运维船只和安装实时监测设备等,进一步降低运维成本,提高服务效率。

7.4.2 风电运维发展前景

随着我国风电产业的规模不断扩大,装机总容量不断创造新高,风电运维行业迎来发展机遇。2020年,我国批准建造的风电项目装机总容量达到1.5亿千瓦,拥有运维需求的风电机组超过10万台,这将给风电运维产业带来上千亿的市场空间。

风力发电凭借其诸多优势,受到了政府和市场的青睐。近年来发展十分迅猛。2020年底,我国风电装机总容量居全球首位,达到282吉瓦。全年新增71.67吉瓦。这意味着风电运维行业也将长期向好。业内要建立行业规范,政府也要出台相应的法律法规,引导企业良性竞争,维护风电运维产业的健康发展。

7.4.3 机组更替拓宽市场空间

随着我国风电产业的不断发展,具有丰富的风能资源且适宜于大规模开发的海域将会越来越少,因此老旧的海上风电机组拥有巨大的机组更替需求。风电机组运行维护将为整机供应商在竞争激烈的新增装机市场拓展业务提供巨大增长空间,风电运维市场将会进一步带动我国新能源装备制造转型升级。经过数十年的发展,许多早期建设的海上风电场不可避免地出现了机组老化、磨损、生锈等现象,运行状况并不乐观。这对于风电机组的发电效率造成了严重的影响。为了保证海上风电场总体发电效率,必须要适时淘汰老化装备,更替新型机组。截至2021年12月,中国海上风电装机容量已达14.8吉瓦。规模庞大的新建机组，叠加老旧机组的更替需求，将为我国风电机组运维市场带来巨大的增长空间。

酒泉风电基地是我国第一个千万千瓦级风电场，初期装机总容量为865万千瓦。然而经过长期的持续运转，目前该发电场的许多风电机组已经出现了明显的老化迹象，维护频率很高，有时甚至需要停机检修，这极大地影响了发电效率，也增加了成本。

我国早在30多年前就开始发展风电产业，然而直到“十一五”时期，由于政策的大力扶持，才迎来高速发展阶段。我国已成为全球规模最大的风电市场，由此也催生了巨大的风电维护需求。许多早期建设的海上风电场一般质保期为2～5年，许多海上风电场已经过了质保期，设备维护量大幅增加。特别是初期建造的风电机组，由于当时技术并不成熟，相关设计也不完善，因此故障率很高，维护任务较重。

据了解，海泉风电基地投入使用的风电机组共7300多台，许多机组的齿轮、叶片、轴承和发电机都开始陆续出现问题。而被誉为“国内风电第一县”的瓜州县也面临同样的局面。该县装备的风电机组共4013台，合计装机容量600万千瓦。由于建造时间较早，目前机组磨损较大，许多核心部件需要更换，且更换成本高昂。据了解，更换一个齿轮油就需要4万元，若将发生故障的134台风电机组的齿轮油全部更换，需要耗资超过500万元。

数据显示，截至2014年末，我国已过质保期的风电机组总装机容量达到了4700万千瓦，之后的两年有超过1000万千瓦的风电机组过保修期。预计到2022年，我国过质保期的风电机组装机总容量将达到18700万千瓦。

目前，我国已经建造约6.5万台风电机组，并且正以每天建造30台的速度快速增长。未来，我国风电装机规模将不断扩大，对于风电运维服务的需求也不断增加。相关机构经过测算，结果显示，我国2015～2022年间，将在风电运维方面花费近160亿美元。

专家认为，除了大量的风电机组过质保期而释放的运维市场空间外，老旧风电机组的更新换代也带来巨大的市场增量。适宜大规模开发风电的优质地域毕竟有限，因此，未来风电站的建设范围不会无限扩张，对原有风电场进行布局优化，应用新兴技术，更替落后、老旧机组成为必然趋势。当前，我国大部分风电机组的设计寿命均在20～25年之间。未来，将有更多的机组因老化而被淘汰，这意味着风电装备整机供应商未来仍拥有巨大的增长空间。

按照《中国“十四五”电力发展规划研究》报告预计，“十四五”期间中国风电新增装机有望达到2.9亿千瓦，平均每年新增风电装机5800万千瓦。届时，必定会对一些技术落后、发电效率较低的风电机组进行更新换代，一些数百千瓦级别的小型发电机组将会被数兆瓦级别的大型机组所替代。由此看来，我国风电装备制造业未来前景十分广阔。

7.4.4　多元化发展运维服务

在海上风能开发方面，欧美国家目前处于领先地位，产业布局更为完善。2020年数据显示，欧洲地区海上风电占全球总装机容量的78%左右。全球海上风电累计装机容量达到了31.9吉瓦，其中我国海上风电累计装机9996兆瓦，位居世界第二。到2021年末，中国已有14个海上风电场合3.1吉瓦完成投产，此外，仍有25个海上风电场合8.3吉瓦已实现首次并网，成为全球最大风电市场，实现赶超。未来，我国海上风电产业仍将飞速发展。

根据《可再生能源发展“十三五”规划》的安排，我国将加快推进已开工建设的海上风电项目，继续推动后续项目的开展。通过相应的补贴政策，鼓励有条件的沿海省市在当地海域建设海上风电示范项目，带动全产业链的发展。必须做好整体规划，不可盲目建设。截至2021年12月，中国海上风电装机容量已达14.8吉瓦，成为全球最大的海上风电市场。随着装备制造技术进步和运营维护技术提高，未来我国海上风电发电成本将会进一步降低，取得更好的经济效益。

我国海上风电产业发展起步较晚，从2015年开始，才进行大规模的开发建设。从此进入快速发展阶段。随着较早建设的海上风电，机组运行年份增加，对于运维服务的需求也越发明显。然而，目前还存在着制约我国海上风电运维产业进一步发展的障碍。由于海上环境恶劣，天气情况多变，因此运行维护时间窗口期较短。而且，由于早期海上风电机组结构设计和材料运用存在不足，因此，故障发生率过高，增加了维护频率。另外，目前我国维护企业缺乏专业设备，维护效率较低，智能化应用不足，缺乏相应的经验。这些短板都急需尽快补齐。

由于存在着上述诸多困难，因此海上风电机组的运维成本居高不下。许多机组设备没有得到很好的维护，因此海上风电场的机组利用率远低于同规模的陆上风电场。随着我国海上风电产业不断向深海和远海发展，凭借目前的运维技术，难以实现良好的运维效果，这极大地制约了我国海上风电产业进一步的发展。因此必须要通过技术革新和运维模式的创新，不断提高运维能力和效率，降低机组停机修复的频率，提高发电可利用时数。建设专门的风电运维港口和建造专业的运维船只，是提高海上运维效率的有效手段。

第8章　海上风电与海洋牧场融合产业投资潜力分析

8.1　海上风电与海洋牧场融合产业投资前景

传统观点认为，在海上大规模建设海上风电项目，将会对当地渔业生产造成极大的影响。因为海上风电平台将会占用原本用来进行海洋渔业生产的海域，压缩传统渔业的作业空间。但是研究结果表明，建设海上风电场对于渔业生产的影响并不大，并且由于海上风电平台能够起到类似于人工渔礁聚集鱼群的作用，因此可以增加当地海域的渔业资源数量，对于渔业生产来说具有一定的好处。所以，将海洋牧场和海上风电场结合起来共同发展，具有良好的开发利用前景。

近年来，我国对海上风电场和海水养殖产业方面的融合发展进行了一定的探索。2016年，在山东的双沟湾海域实施了悬浮养殖网箱的试验项目，其目的是在位于开阔海域的海上风电平台周围养殖海参、贝类和藻类等，验证小型网箱实际应用效果的同时，也可以探究在海上风电场周围进行水产养殖的可行性和存在的问题，为海上风电与海洋牧场的融合发展积累经验。2019年，我国首个“海上风电＋海洋牧场”示范项目在山东落地，项目全称为昌邑海洋牧场与三峡300兆瓦海上风电融合试验示范项目。总投资51.3亿元，由三峡新能源承建，计划于2024年竣工。

我国的海洋牧场和海上风电产业都比欧美发达国家起步要晚，但是将海洋牧场和海上风电结合起来融合发展的新模式，目前在国内外都处于摸索阶段，发展水平也大致相同。将二者结合发展，不仅可以节约海域面积，提高集约化和规模化，还可以促进渔业资源质量的提高，扩大清洁能源开发利用的规模，是现代渔业和新能源产业跨界融合的典范。虽然目前还没有找到最佳的结合方式，仍需探索，而且在建设过程中也面临着许多困难，但是随着技术进步和经验的积累，在不久的将来，二者一定可以实现完美融合，产生巨大的经济效益和环境效益，发展前景十分广阔。

8.2 我国海上风电与海洋牧场融合产业未来发展趋势

(1) 开发海洋牧场和海上风电融合系统的配套设施。要充分发挥二者优势，搭建一套智能调配系统，将海上风电站发出的电力合理调配给海洋牧场相关平台和国家电网。同时要积极探索升降式筏架、智能化网箱、旅游观光平台、环境指标监测系统等设施与风电机组平台的融合，创造出配套发展的新模式。

(2) 在施工中要注重环境保护，同时积极应用智能化技术。充分比较不同的施工方式所产生的环境噪声和震动之间的区别，对于海洋生物的综合影响，通过施工方式的创新将其影响降到最低。同时要将智能化运用到海洋牧场和海上风电站的运营中去，建立完善的运营维护系统，降低维护成本，提高综合效益。

(3) 研究出一套综合评估海洋牧场和海上风电站融合发展的经济效益、社会效益和环境效益的评估体系，对数据进行科学量化，以便进一步优化融合模式。

8.3 海上风电与海洋牧场融合产业前景预测分析

目前我国海上风电项目主要建设在东南沿海省份，广东、福建、山东、江苏和浙江等省份走在全国前列。为了产业的科学高速发展，这些省份确立了明确的发展目标，制定了稳健的发展策略，计划到2030年，将这些省份的海上风电装机容量达到60吉瓦，满足当地日益增长的能源需求，为经济转型升级和能源结构优化助力。

广东省拥有全国近1/4的陆地海岸线，具有优越的海洋资源开发潜力。另外，作为经济强省，广东省的能源需求巨大，因此，省政府十分重视海上风电产业的发展，提出了海洋强省建设的“十大行动”，其中海上风电就是发展的重点。为此，提出了稳健的发展路线，先在省内建设5个海上风电示范项目，积极研究海洋牧场和海上风电的融合方式。未来，广东省将会继续优化海上风电产业发展，重视产业发展过程中的低碳环保问题，充分发挥海上风电的优势，助力经济转型。

随着海上风电产业的不断发展，国家也及时调整相关补贴政策，从以政策引导为主逐步转向以市场引导为主。因此，海上风电产业也要依据市场环境，及时调整发展策略。目前，我国已经形成一条相对比较完善的产业链，但是上下游的资源融合还不够紧密，许多关键元件还不能完全实现自主生产，有被国外“卡脖子”的风险。应该进一步加大技术投入，提高创新能力，提高国内产业链的综合实力。另外，要有勇气、有能力走向深海、远海，不将产业局限在近海中，积极扩大产业发展空间。探索产业融合方式，将海上风电打造为一个综合平台，带动海洋牧场、储能产业、海水淡化产业的发展，打造产业集群，通过规模效应不断提高经济、环境和社会效益。

为应对全球气候变暖，发展绿色金融产业，实现我国经济转型升级。2020年，我国在75届联合国大会上明确承诺，中国将在2030年前达到二氧化碳排放最大值，争取在2060年前实现碳中和。这一雄心勃勃的减排目标充分展现了我国应对全球气候变暖的大国担当。2020年12月12日，在气候雄心峰会上，习近平总书记通过视频发表题为《继往开来，开启全球应对气候变化新征程》的重要讲话，宣布了我国一系列重要举措：到2030年，我国单位 GDP二氧化碳排放量将比2005年减少65%以上，非化石能源在一次能源消费占比预计达到25%左右，风电、太阳能发电的总装机容量预计超过12亿千瓦。在这一大背景下，可以预见海上风电与海洋牧场融合产业前景十分广阔。

参考文献

[1] Browning M S, Lenox C S. Contribution of Offshore Wind to the Power Grid: U.S. Air Quality Implications[J]. Appl Energy, 2020(276): 115474.

[2] Cook A S C P, Humphreys E M, Bennet F, et al. Quantifying avian avoidance of offshore wind turbines: Current evidence and key knowledge gaps [J]. Mar Environ Res., 2018(140): 278-288.

[3] Cornelis van Kooten G, Mokhtarzadeh F. Optimal investment in electric generating capacity under climate policy[J]. J. Environ Manage, 2019 (232): 66-72.

[4] Gaichas S K. A context for ecosystem-based fishery management: developing concepts of ecosystems and sustainability[J]. Mar. Pol., 2008(32): 393-401.

[5] Hu W, Li C L, Zhao B, et al. Consideration on scientific promotion of modern marine ranching construction[J]. Mar. Econ. China, 2019(1): 50-63.

[6] Lee M O, Otake S, Kim J K. Transition of artificial reefs (ARs) research and its prospects[J]. Ocean Coastal Manag., 2018(154): 55-65.

[7] Markandya A, Wilkinson P. Electricity generation and health[J]. Lancet, 2007, 370(9591): 979-990.

[8] Morkūnė R, Marčiukaitis M, Jurkin V, et al. Wind energy development and wildlife conservation in Lithuania: A mapping tool for conflict assessment [J]. PLoS One., 2020, 15(1): e0227735.

[9] Mousavi S H, Danehkar A, Shokri M R, et al. Site selection for artificial reefs using a new combine Multi-Criteria Decision-Making (MCDM) tools for coral reefs in the Kish Island-Persian Gulf[J]. Ocean Coastal Manag., 2015(111): 92-102.

[10] Piotrowski PJ, Robak S, Polewaczyk M M, et al. Narażenie pracowników morskich stacji elektroenergetycznych najwyższych napięć na szkodliwe

czynniki-działania minimalizujące ryzyko zagrożeń [Offshore substation workers' exposure to harmful factors-Actions minimizing risk of hazards [J]. Med Pr., 2016, 67(1):51-72.

[11] Rueda-Bayona J G, Guzmán A, Eras J J C. Wind and power density data of strategic offshore locations in the Colombian Caribbean coast[J]. Data Brief., 2019(27): 104720.

[12] Reguero B G, Losada I J, Méndez F J. A recent increase in global wave power as a consequence of oceanic warming[J]. Nat Commun., 2019, 10 (1): 205.

[13] Rose S, Jaramillo P, Small M J, et al. Quantifying the hurricane catastrophe risk to offshore wind power[J]. Risk Anal., 2013, 33(12): 2126-2141.

[14] Schupp M F, Kafas A, Buck B H, et al. Fishing within offshore wind farms in the North Sea: Stakeholder perspectives for multi-use from Scotland and Germany[J]. J Environ Manage, 2021(279): 111762.

[15] Sherman P, Chen X, McElroy M. Offshore wind: An opportunity for cost-competitive decarbonization of China's energy economy[J]. Sci Adv., 2020, 6(8): eaax9571.

[16] Skov H, Desholm M, Heinänen S, et al. Patterns of migrating soaring migrants indicate attraction to marine wind farms[J]. Biol Lett., 2016, 12 (12): 20160804.

[17] Vallejo G C, Grellier K, Nelson E J, et al. Responses of two marine top predators to an offshore wind farm[J]. Ecol Evol., 2017, 7(21): 8698-8708.

[18] Venmathi Maran B A, Oh S Y, Moon S Y, et al. Monogeneans (Platyhelminthes) from marine fishes of Tongyeong, Korea[J]. J Parasit Dis., 2014, 38(3): 277-285.

[19] Whittington H W. Electricity generation: options for reduction in carbon emissions[J]. Philos Trans A Math Phys Eng Sci., 2002, 360(1797): 1653-1668.

[20] Xu Y, Yang K, Zhao G. The influencing factors and hierarchical relationships of offshore wind power industry in China[J]. Environ Sci Pollut Res Int., 2021 (19): 1-16.

[21] Yu J, Zhang L. Evolution of marine ranching policies in China: Review, performance and prospects[J]. Sci Total Environ., 2020(737): 139782.

[22] 陈慧. 海上风电:大机遇与大挑战(第四章 翻译反思性研究报告) [D]. 长春: 东北师范大学, 2014.

[23] 陈吉华. 山东海洋牧场规划出炉 助推现代渔业转型升级[N]. 山东科技报, 2017-07-31.

[24] 高晓霞. 依托海上风电场建设广东海洋立体观测网: 访中国科学院南海海洋研究所研究员于红兵[J]. 海洋与渔业, 2018(5): 93-94.

[25] 郭宇星. 我国海上风电的发展现状及对策建议[J]. 产业与科技论坛, 2014, 13(9): 15-16.

[26] 阙华勇, 陈勇, 张秀梅, 等. 现代海洋牧场建设的现状与发展对策[J]. 中国工程科学, 2016,18(3): 79-84.

[27] 郝向举, 罗刚, 王云中,等. 我国海洋牧场科技支撑基本情况、存在问题及对策建议[J]. 中国水产, 2017(11): 44-48.

[28] 韩立民, 相明. 国外"蓝色粮仓"建设的经验借鉴[J]. 中国海洋大学学报(社会科学版), 2012(2): 45-49.

[29] 黄森炎. 福建省海上风电产业发展思考[C]//第十二届长三角能源论坛: 互联网时代高效清洁的能源革命与创新论文集, 2015.

[30] 孔飞. 我国海洋牧场开发的相关问题探讨[J]. 大科技, 2015(12): 241-241.

[31] 莫爵亭, 宋国炜, 宋烺. 广东阳江"海上风电+海洋牧场"生态发展可行性初探[J]. 南方能源建设, 2020, 7(2): 122-126.

[32] 李大鹏,张硕,黄宏. 海州湾海洋牧场的长期环境效应研究[J]. 中国环境科学, 2018, 38(1): 303-310.

[33] 李波, 宋金超. 海洋牧场:未来海洋养殖业的发展出路[J]. 吉林农业, 2011(4): 3.

[34] 李坤, 郭庆祝. 关于推进现代海洋牧场示范区建设的思考[J]. 河北渔业, 2016(6): 71-72.

[35] 刘长成, 刘晓璐. 推进海洋牧场建设的一些看法和建议[J]. 中国水产, 2018(3): 38-39.

[36] 刘浩淼. 中国城乡居民水产品需求研究[D]. 北京:中国农业科学院,2003.

[37] 刘建民. 海上风电运维技术的发展现状与展望[J]. 风力发电, 2020(2): 43-49.

[38] 卢昆, 周娟枝, 刘晓宁. 蓝色粮仓的概念特征及其演化趋势[J]. 中国海洋大学学报(社会科学版), 2012(2): 35-39.

[39] 孙永河, 王麒翔. 提升现代化海洋牧场建设质量的策略研究[J]. 中国海

洋大学学报(社会科学版), 2020(3): 56-67.

[40] 田涛,秦松,刘永虎, 等. 海南省海洋牧场的建设思路与发展经营策略分析[J/OL]. 海洋开发与管理, 2017, 34(3): 61-66.

[41] 王爱香,王金环. 发展海洋牧场 构建"蓝色粮仓"[J]. 中国渔业经济, 2013, 31(3): 69-74.

[42] 王田田, 谭婷婷. 烟台市加快推进海洋牧场建设的思路及措施研究[J]. 中国水产, 2017(6): 39-41.

[43] 王恩辰. 海洋牧场建设及其升级问题研究[D]. 青岛: 中国海洋大学, 2015.

[44] 王铁民, 丁志习, 梅笑冬, 等. 山东实施海洋农牧化建设工程有关问题的研究[J]. 齐鲁渔业, 2000(5): 3-4.

[45] 王伟定, 梁君, 毕远新, 等. 浙江省海洋牧场建设现状与展望[J]. 浙江海洋学院学报(自然科学版), 2016, 35(3): 181-185.

[46] 王湛. 祥云湾海洋牧场示范区初级生产力调查[J]. 河北渔业, 2018, 293(5): 33-36.

[47] 魏静梅. 海洋风电项目对海洋生态环境的影响[J]. 北方环境, 2020, 32(5): 189-190.

[48] 吴姗姗, 王双, 彭洪兵, 等. 我国海上风电产业发展思路与对策建议[J]. 经济纵横, 2017(1): 74-79.

[49] 吴维宁, 卢卫平. 美国国家渔业信息网络建设及其启示[J]. 中国水产, 2005(6): 33-34.

[50] 夏华丽, 董鸿安. 海港旅游城市滨海区域发展休闲渔业经济研究[J]. 农业经济, 2013(1): 45-47.

[51] 许洁. 我国海水养殖现状与问题[C]//2007 年全国海水健康养殖与水产品质量安全学术研讨会论文集, 2006: 7-13.

[52] 杨红生, 霍达, 许强. 现代海洋牧场建设之我见[J]. 海洋与湖沼, 2016, 47(6): 1069-1074.

[53] 杨红生. 我国海洋牧场建设回顾与展望[J]. 水产学报, 2016, 40(7): 1133-1140.

[54] 杨红生, 茹小尚, 张立斌, 等. 海洋牧场与海上风电融合发展:理念与展望[J]. 中国科学院院刊, 2019, 34(6): 104-111.

[55] 游桂云, 杜鹤, 管燕. 山东半岛蓝色粮仓建设研究: 基于日本海洋牧场的发展经验[J]. 中国渔业经济, 2012, 30(3): 30-36.

[56] 于晴. 山东省典型人工鱼礁区增殖效果评价[D]. 青岛: 中国海洋大学, 2015.

[57] 张国胜, 陈勇, 张沛东, 等. 中国海域建设海洋牧场的意义及可行性[J]. 大连水产学院学报, 2003, 18(2): 142-144.

[58] 张桂华. 我国休闲渔业的现状及发展对策[J]. 长江大学学报(自科版) 2005, 2(8): 98-102.

[59] 张佳丽, 李少彦. 海上风电产业现状及未来发展趋势展望[J]. 风能, 2018, 104(10): 49-53.

[60] 张金浩, 彭国兴, 张玲玲, 等. 海洋牧场建设现状和发展对策[J]. 齐鲁渔业, 2014(2): 50-52.

[61] 张震. 基于海洋牧场建设的休闲渔业开发研究[D]. 青岛: 中国海洋大学, 2015.

[62] 张玉钦, 纪云龙, 卢晓,等. 海上风电与海洋牧场融合发展现状[J]. 齐鲁渔业, 2020(5): 38-39.

[63] 周绪红, 王宇航, 邓然, 等. 一种海上风电和海洋牧场一体化结构体系[P]. CN110258611A, 2019.

[64] 褚洪永, 吴红伟, 于炳礼, 等. 海洋牧场建设存在的问题及建议[J]. 齐鲁渔业, 2018, 35(7): 49-51.